新编特种作业人员安全技术培训考核统编教材

制冷与空调设备安装修理

主　编　魏长春

中国劳动社会保障出版社

图书在版编目（CIP）数据

制冷与空调设备安装修理/魏长春主编. —北京：中国劳动社会保障出版社，2014

新编特种作业人员安全技术培训考核统编教材

ISBN 978－7－5167－1051－7

Ⅰ.①制… Ⅱ.①魏… Ⅲ.①制冷装置-设备安装-技术培训-教材②空气调节设备-设备安装-技术培训-教材③制冷装置-维修-技术培训-教材④空气调节设备-维修-技术培训-教材 Ⅳ.①TB657②TU831.4

中国版本图书馆 CIP 数据核字（2014）第 095993 号

中国劳动社会保障出版社出版发行

（北京市惠新东街 1 号 邮政编码：100029）

*

中国标准出版社秦皇岛印刷厂印刷装订 新华书店经销

880 毫米×1230 毫米 32 开本 6.625 印张 181 千字

2014 年 5 月第 1 版 2021 年 11 月第 4 次印刷

定价：**20.00 元**

读者服务部电话：（010）64929211/84209101/64921644

营销中心电话：（010）64962347

出版社网址：http://www.class.com.cn

编 委 会

内 容 提 要

本书根据国家安全生产监督管理总局颁布的《制冷与空调设备安装修理作业人员安全技术考核标准》和《制冷与空调设备安装修理作业人员安全技术培训大纲》编写，是制冷与空调设备安装修理人员安全技术培训考核用书。

本书系统介绍了制冷与空调设备安装修理安全基础知识和相关安全作业技术，收录了国家和相关监管部门颁布的最新标准和安全法规。全书包括热力学和制冷空调设备基础知识，制冷剂的性质与安全使用，制冷与空调设备安装修理作业安全基础知识，压缩式、吸收式制冷空调设备的安装修理技术和实际操作技能，制冷与空调设备安装修理过程中突发事故的应急处理等内容。本书可作为制冷与空调设备安装修理人员安全技术培训考核教材，还可作为各企事业单位安全管理干部及相关技术人员的参考用书。

前　　言

我国《劳动法》规定："从事特种作业的劳动者必须经过专门培训并取得特种作业资格。"我国《安全生产法》还规定："生产经营单位的特种作业人员必须按照国家有关规定经专门的安全作业培训，取得特种作业操作资格证书，方可上岗操作。"为了进一步落实《劳动法》《安全生产法》的上述规定，配合国家安全生产监督管理总局依法做好特种作业人员的培训考核工作，中国劳动社会保障出版社根据国家安全生产监督管理总局颁布的《安全生产培训管理办法》《关于特种作业人员安全技术培训考核工作的意见》和《特种作业人员安全技术培训考核管理规定》，组织了《特种作业人员安全技术培训大纲和考核标准》起草小组的有关专家，依据《特种作业目录》中的工种组织编写了"新编特种作业人员安全技术培训考核统编教材"。

"新编特种作业人员安全技术培训考核统编教材"共计 9 大类 41 个工种教材：1. 电工作业类：（1）《高压电工作业》（2）《低压电工作业》（3）《防爆电气作业》；2. 焊接与热切割作业类：（4）《熔化焊接与热切割作业》（5）《压力焊作业》（6）《钎焊作业》；3. 高处作业类：（7）《登高架设作业》（8）《高处安装、维护、拆除作业》；4. 制冷与空调作业类：（9）《制冷与空调设备运行操作》（10）《制冷与空调设备安装修理》；5. 金属非金属矿山作业类：（11）《金属非金属矿井通风作业》（12）《尾矿作业》（13）《金属非金属矿山安全检查作业》（14）《金属非金属矿山提升机操作》（15）《金属非金属矿山支柱作业》（16）《金属非金属矿山井下电气作业》（17）《金属非金属矿山排水作业》（18）《金属非金属矿山爆破作业》；6. 石油天然气作业类：（19）《司钻作业》；7. 冶金生产作业类：（20）《煤气作业》；8. 危险化学品作业类：（21）《光气及光气化工艺作业》（22）《氯碱电解工艺作业》（23）《氯化工艺作业》（24）《硝化工艺作业》（25）《合成氨工艺作业》（26）《裂解工艺作业》（27）《氟化工艺作业》（28）《加氢工艺作业》（29）《重氮化工艺作业》

（30）《氧化工艺作业》（31）《过氧化工艺作业》（32）《胺基化工艺作业》（33）《磺化工艺作业》（34）《聚合工艺作业》（35）《烷基化工艺作业》（36）《化工自动化控制仪表作业》；9．烟花爆竹作业类：（37）《烟火药制造作业》（38）《黑火药制造作业》（39）《引火线制造作业》（40）《烟花爆竹产品涉药作业》（41）《烟花爆竹储存作业》。本版统编教材具有以下几方面特点：

一、突出科学性、规范性。本版统编教材是根据国家安全生产监督管理总局统一制定的特种作业人员安全技术培训大纲和考核标准，由该培训大纲和考核标准起草小组的有关专家在以往统编教材的基础上，继往开来的最新成果。

二、突出适用性、针对性。专家在编写过程中，根据国家安全生产监督管理总局关于教材建设的相关要求，本着"少而精""实用、管用"的原则，切合实际地考虑了当前我国接受特种作业安全技术培训的学员特点，以此设置内容。

三、突出实用性、可操作性。根据国家安全生产监督管理总局《特种作业人员安全技术培训考核管理规定》中"特种作业人员应当接受与其所从事的特种作业相应的安全技术理论培训和实际操作培训"的要求，在教材编写中合理安排了理论部分与实际操作训练部分的内容所占比例，充分考虑了相关单位的培训计划和学时安排，以加强实用性。

总之，本版统编教材反映了国家安全生产监督管理总局关于全国特种作业人员安全技术培训考核的最新要求，是全国各有关行业、各类企业准备从事特种作业的劳动者，为提高有关特种作业的知识与技能，提高自身安全素质，取得特种作业人员 IC 卡操作证的最佳培训考核教材。

"新编特种作业人员安全技术培训考核统编教材"编委会
2014 年 3 月

目　录

第一章 制冷与空调设备安装修理作业安全基本知识

第一节 制冷与空调设备安装修理作业安全生产法律法规

一、国家标准

1.《制冷与空调设备安装修理作业人员安全技术培训大纲和考核标准》

制冷与空调设备安装修理作业是指对制冷与空调设备整机、部件及相关系统进行安装、调试与维修的作业。2010年7月1日开始施行的《特种作业人员安全技术培训考核管理规定》（国家安全监管总局令第30号），将制冷与空调设备安装修理作业纳入特种作业范畴，从事该作业的人员必须接受特种作业人员安全技术培训考核。

2011年7月15日国家安全生产监督管理总局为严格贯彻落实《特种作业人员安全技术培训考核管理规定》，确保特种作业人员安全技术培训考核工作规范开展，组织编写了制冷与空调设备安装修理作业等41个操作项目的《特种作业人员安全技术培训大纲和考核标准（试行）》，其中第十个标准即为《制冷与空调设备安装修理作业人员安全技术培训大纲和考核标准》。该标准规定了制冷与空调设备安装修理作业人员基本条件、安全技术培训（以下简称培训）大纲和安全技术考核（以下简称考核）要求与具体内容。

该标准规定，年满18周岁，具备初中或者相当于初中及以上文化程度并具有制冷与空调设备安装修理作业规定的其他条件的从业人员，必须具备必要的安全技术知识与技能。应按照本标准的规定对制冷与空调设备安装修理作业人员进行培训和复审培训。复审培训周期为三年。

标准要求培训应坚持理论与实践相结合，侧重实际操作技能训练；注意对制冷与空调设备安装修理作业人员进行职业道德、安全法律意识、安全技术知识的教育。制冷与空调安装修理作业人员除了必须掌握制冷与空调设备基础知识和实际操作技能之外，还要熟悉制冷与空调设备安装修理作业安全生产法律法规和制冷与空调设备安装修理安全管理制度。

该标准主要包括以下内容：

（1）了解制冷与空调设备安装修理国家标准、安全生产法规、规章的安全知识。

（2）了解制冷与空调设备安装修理作业安全管理制度。

（3）掌握制冷与空调设备安装修理作业人员安全生产的权利和义务。

（4）掌握劳动保护相关知识。

（5）了解制冷与空调设备安装修理作业人员的职业道德和安全职责。

（6）掌握和制冷与空调设备相关的电气、电气焊、防火、防爆等安全知识。

（7）熟练掌握制冷与空调设备安装修理作业特点、制冷与空调设备安装修理作业场所常见的危险及职业危害因素。

标准还对安全技术基础知识、安全操作实际技能、考核办法和考核复审做出了相关的具体规定。

2.《制冷与空调作业安全技术规范》

作为中华人民共和国安全生产行业标准由国家安全生产监督管理总局发布，该标准规定了有关制冷、空调系统的设计、安装、调试、操作、维护、检修等作业中的有关安全技术要求。

（1）对制冷剂、压力钢瓶、制冷系统的安全装置、作业环境、标志做出了一般性要求；此外还对制冷剂充注、作业环境的安全设置、防护用具的设施、钢瓶使用的安全标准做出了严格要求。

（2）对制冷与空调设备的安装调试做出了具体的安全标准规定。

对制冷与空调设备运行检修中的安全操作做出了具体安全标准规定。

（3）该标准对制冷与空调设备的安全管理做出了一些规定，例如：制冷空调作业单位主要负责人、安全管理人员、操作人员应经过专门的安全培训、考核，持证上岗；制冷空调作业单位应制定操作规程和岗位责任制度；建立制冷空调系统的安全技术档案并将永久保存。

（4）规定了制冷空调作业单位应建立的安全管理制度，例如制冷空调作业安全操作规程、巡回检查制度、作业人员安全教育与培训制度、制冷空调作业事故应急预案制度等。

3. 《制冷和供热用机械制冷系统安全要求》

该标准由国家质量技术监督局发布，在分析了制冷系统存在的危险的基础之上制定了强制性的安全标准要求和一般推荐性的安全要求；规定了与制冷系统的设计、制造、安装和运行有关的人身和财产的安全要求。

（1）必须对制冷设备和制冷系统进行压力试验和密封性试验，以保证设备的安全性。

（2）对制冷管道的现场安装做出了相关安全的预防性措施。

（3）对制冷设备机房的安全设施做出了具体规定。

（4）安全使用制冷剂和载冷剂，设备和管道布置应便于维修，应有足够的措施使人能够脱离发生的意外风险。

（5）对操作维修人员的技能培训和安全措施做出了具体规定，例如制冷剂充装，设备的维护保养、修理时产生电弧和火焰设备的使用等。

4. 《制冷设备、空气分离设备安装工程施工及验收规范》

本标准由住房和城乡建设部发布，本标准中许多条款为强制性条文，强调必须严格执行。标准在总则中明确指出，为确保制冷设备和空气分离设备安装工程的质量和安全运行，促进安装技术的进步，制定本规范。

（1）对整体出厂的制冷设备以及附属设备的现场安装调试做出了安全操作的技术要求。

（2）对活塞式制冷压缩机组、螺杆式制冷压缩机组、离心式制冷机组和溴化锂吸收式制冷机组以及相关的辅助设施的安装调试做出了具体的技术规定。

（3）对分馏塔、低温液体泵等一些成套空分制冷设备的试运转以及安装调试提出了一些技术规定和安全要求。

以上所述各类国家标准为制冷与空调设备安装修理作业提供了技术规范，从业人员必须遵守。

二、法律法规

制冷与空调设备安装修理作业即是一个应用范围较广泛的通用型技术行业，也是一个事关人身安全和财产安全的特种行业，知法懂法守法是从业人员的基本要求。

1.《中华人民共和国安全生产法》

安全生产工作的目的一方面是保障人民群众生命财产安全，另一方面是保护从业人员的健康，促进社会和谐发展。《中华人民共和国安全生产法》有以下规定：

安全生产工作坚持"安全第一、预防为主、综合治理"的方针，强化和落实生产经营单位的主体责任，建立生产经营单位负责、政府监管、行业自律、群众参与和社会监督的机制。生产经营单位必须遵守本法和其他有关安全生产的法律、法规，加强安全生产管理，建立、健全安全生产责任制度，完善安全生产条件，确保安全生产。

生产经营单位应当对从业人员进行安全生产教育和培训，保证从业人员具备必要的安全生产知识，熟悉有关的安全生产规章制度和安全操作规程，掌握本岗位的安全操作技能。未经安全生产教育和培训合格的从业人员，不得上岗作业。

生产经营单位采用新工艺、新技术、新材料或者使用新设备，必须了解、掌握其安全技术特性，采取有效的安全防护措施，并对从业人员进行专门的安全生产教育和培训。

生产经营单位的特种作业人员必须按照国家有关规定经专门的安全作业培训，取得特种作业操作资格证书，方可上岗作业。

生产经营单位应当在有较大危险因素的生产经营场所和有关设施、设备上，设置明显的安全警示标志。

安全设备的设计、制造、安装、使用、检测、维修、改造和报废，应当符合国家标准或者行业标准。

生产经营单位必须对安全设备进行经常性维护、保养，并定期检测，保证正常运转。维护、保养、检测应当做好记录，并由相关人员签字。

生产经营单位使用的涉及生命安全、危险性较大的特种设备，以及危险物品的容器、运输工具，必须按照国家有关规定，由专业生产单位生产，并经取得专业资质的检测、检验机构检测、检验合格，取得安全使用证或者安全标志，方可投入使用。检测、检验机构对检测、检验结果负责。

从业人员在作业过程中，应当严格遵守本单位的安全生产规章制度和操作规程，服从管理，正确佩戴和使用劳动防护用品。

从业人员应当接受安全生产教育和培训，掌握本职工作所需的安全生产知识，提高安全生产技能，增强事故预防和应急处理能力。

从业人员发现事故隐患或者其他不安全因素，应当立即向现场安全生产管理人员或者本单位负责人报告；接到报告的人员应当及时予以处理。

2. 《特种设备安全监察条例》

《特种设备安全监察条例》是第一部关于我国特种设备安全监督管理的专门法规。这部条例规定了特种设备设计、制造、安装、改造、维修、使用、检验、检测全过程安全监察的基本制度。《特种设备安全监察条例》由 2003 年 2 月 10 日国务院第 68 次常务会议通过，2003 年 6 月 1 日开始实施。并于 2009 年 1 月做了修改，修订后的条例于当年 5 月 1 日开始实施，共八章 103 条，该条例制定的目的是加强特种设备的安全监察，防止和减少事故，保障人民群众生命和财产安全，促进经济发展。条例规定如下：

特种设备作业人员，应当按照国家有关规定经特种设备安全监督管理部门考核合格，取得国家统一格式的特种作业人员证书，方可从事相应的作业或者管理工作。特种设备使用单位应当对特种设备作业人员进行特种设备安全、节能教育和培训，保证特种设备作业人员具备必要的特种设备安全、节能知识。特种设备作业人员在作业中应当严格执行特种设备的操作规程和有关的安全规章制度。

特种设备生产、使用单位的主要负责人应当对本单位特种设备的安全和节能全面负责。

特种设备的制造、安装、改造单位应当具备下列条件：

（1）有与特种设备制造、安装、改造相适应的专业技术人员和技术工人。

（2）有与特种设备制造、安装、改造相适应的生产条件和检测手段。

（3）有健全的质量管理制度和责任制度。

特种设备安装、改造、维修的施工单位应当在施工前将拟进行的特种设备安装、改造、维修情况书面告知直辖市或者设区的市特种设备安全监督管理部门，告知后即可施工。

移动式压力容器、气瓶充装单位应当经省、自治区、直辖市的特种设备安全监督管理部门许可，方可从事充装活动。

充装单位应当具备下列条件：

（1）有与充装和管理相适应的管理人员和技术人员。

（2）有与充装和管理相适应的充装设备、检测手段、场地厂房、器具、安全设施。

（3）有健全的充装管理制度、责任制度、紧急处理措施。

气瓶充装单位应当向气体使用者提供符合安全技术规范要求的气瓶，对使用者进行气瓶安全使用指导，并按照安全技术规范的要求办理气瓶使用登记，提出气瓶的定期检验要求。

特种设备使用单位应当严格执行本条例和有关安全生产的法律、行政法规的规定，保证特种设备的安全使用。

特种设备使用单位应当建立特种设备安全技术档案。

特种设备使用单位对在用特种设备应当至少每月进行一次自行检查，并做出记录。特种设备使用单位在对在用特种设备进行自行检查和日常维护保养时发现异常情况的，应当及时处理。

特种设备作业人员在作业过程中发现事故隐患或者其他不安全因素，应当立即向现场安全管理人员和单位有关负责人报告。

特种设备生产单位对其生产的特种设备的安全性能负责。

特种设备使用单位应当对在用特种设备的安全附件、安全保护装置、测量调控装置及有关附属仪器仪表进行定期校验、检修，并做出记录。

检验检测机构接到定期检验要求后，应当按照安全技术规范的要求及时进行检验。未经定期检验或者检验不合格的特种设备，不得继续使用。

特种设备出现故障或者发生异常情况，使用单位应当对其进行全面检查，消除事故隐患后，方可重新投入使用。

特种设备存在严重事故隐患，无改造、维修价值，或者超过安全技术规范规定使用年限，特种设备使用单位应当及时予以报废，并应当向原登记的特种设备安全监督管理部门办理注销。

特种设备使用单位应当制定特种设备的事故应急处理措施和救援预案。

3. 《危险化学品安全管理条例》

《危险化学品安全管理条例》于 2011 年 2 月 16 日国务院第 144 次常务会议修订通过，修订后的《危险化学品安全管理条例》，自 2011 年 12 月 1 日起施行。共八章 102 条。该条例对生产、经营、储存、运输、使用危险化学品和处置废弃危险化学品等规定如下：

危险化学品安全管理，应当坚持"安全第一、预防为主、综合治理"的方针，强化和落实企业的主体责任。

生产、储存、使用、经营、运输危险化学品的单位（以下简称危险化学品单位）的主要负责人对本单位的危险化学品安全管理工作全面负责。

危险化学品单位应当具备法律、行政法规规定和国家标准、行业标准要求的安全条件，建立、健全安全管理规章制度和岗位安全责任制度，对从业人员进行安全教育、法制教育和岗位技术培训。从业人员应当接受教育和培训，考核合格后上岗作业；对有资格要求的岗位，应当配备依法取得相应资格的人员。

生产、储存危险化学品的单位应当对其铺设的危险化学品管道设置明显标志，并对危险化学品管道定期检查、检测。

进行可能危及危险化学品管道安全的施工作业，施工单位应当在开工的 7 日前书面通知管道所属单位，并与管道所属单位共同制定应急预案，采取相应的安全防护措施。管道所属单位应当指派专门人员到现场进行管道安全保护指导。

使用危险化学品的单位，其使用条件（包括工艺）应当符合法律、行政法规的规定和国家标准、行业标准的要求，并根据所使用的危险化学品的种类、危险特性以及使用量和使用方式，建立、健全使用危险化学品的安全管理规章制度和安全操作规程，保证危险化学品的安全使用。

危险化学品的装卸作业应当遵守安全作业标准、规程和制度，并在装卸管理人员的现场指挥或者监控下进行。

4.《气瓶安全监察规定》

《气瓶安全监察规定》是国家质量监督检验检疫总局根据《特种设备安全监察条例》和《危险化学品安全管理条例》的有关要求制定的。共八章 57 条，规定要求如下：

气瓶应当逐只进行监督检验后方可出厂（出口气瓶按合同或其他有关规定执行）。气瓶出厂时，制造单位应当在产品的明显位置上，以钢印（或者其他固定形式）注明制造单位的制造许可证编号和企业代号标志以及气瓶出厂编号，并向用户逐只出具铭牌式或者其他能固定于气瓶上的产品合格证，按批出具批量检验质量证明书。产品合格证和批量检验质量证明书的内容，应当符合相应的安全技术规范及产品标准的规定。

气瓶充装单位应当向省级质监部门特种设备安全监察机构提出充装许可书面申请。经审查，确认符合条件者，由省级质监部门颁发《气瓶充装许可证》。未取得《气瓶充装许可证》的，不得从事气瓶充装工作。

气瓶充装单位应当保持气瓶充装人员的相对稳定。充装单位负责人和气瓶充装人员应当经地（市）级或者地（市）级以上质监部门考核，取得特种设备作业人员证书。

气瓶充装前和充装后，应当由充装单位持证作业人员逐只对气瓶进行检查，发现超装、错装、泄漏或其他异常现象的，要立即进行妥善处理。

充装时，充装人员应按有关安全技术规范和国家标准规定进行充装。对未列入安全技术规范或国家标准的气体，应当制定企业充装标准，按标准规定的充装系数或充装压力进行充装。禁止对使用过的非重复充装气瓶再次进行充装。

气瓶充装单位应当保证充装的气体质量和充装量符合安全技术规范规定及相关标准的要求。

任何单位和个人不得改装气瓶或将报废气瓶翻新后使用。

气瓶的定期检验周期、报废期限应当符合有关安全技术规范及标准的规定。

运输、储存、销售和使用气瓶的单位，应当制定相应的气瓶安全管理制度和事故应急处理措施，并有专人负责气瓶安全工作，定期对气瓶运输、储存、销售和使用人员进行气瓶安全技术教育。

气瓶使用者应当遵守下列安全规定：

（1）严格按照有关安全使用规定正确使用气瓶。

（2）不得对气瓶瓶体进行焊接和更改气瓶的钢印或者颜色标记。

（3）不得使用已报废的气瓶。

（4）不得将气瓶内的气体向其他气瓶倒装或直接由罐车对气瓶进行充装。

（5）不得自行处理气瓶内的残液。

三、权利和义务

制冷与空调设备安装修理作业人员是通过劳动获得劳动报酬的普通劳动者，依据《中华人民共和国劳动法》享有一切劳动者所享有的权利和义务。

1．权利

（1）知情权

生产经营单位的从业人员有权了解其作业场所和工作岗位存在的危险因素、防范措施及事故应急措施。

（2）建议权

从业人员有权对本单位的安全生产工作提出建议。

（3）批评控告权

从业人员有权对本单位安全生产管理工作中存在的问题提出批评、检举、控告。生产经营单位不得因从业人员对本单位安全生产工作提出批评、检举、控告而降低其工资、福利等待遇或者解除与其订立的劳动合同。

（4）拒绝权

从业人员发现直接危及人身安全的紧急情况时，有权停止作业或者在采取可能的应急措施后撤离作业场所，有权拒绝违章指挥和强令冒险作业。

（5）紧急避险权

从业人员发现直接危及人身安全的紧急情况时，有权停止作业或者在采取可能的应急措施后撤离作业场所。同时。劳动法还规定生产经营单位不得因从业人员在紧急情况下停止作业或者采取紧急撤离措施而降低其工资、福利等待遇或者解除与其订立的劳动合同。

（6）依法对本单位提出要求赔偿的权利

因生产安全事故受到损害的从业人员，除依法享有工伤社会保险外，依照有关民事法律尚有获得赔偿的权利的，有权向本单位提出赔偿要求。

（7）获得符合国家标准或者行业标准劳动防护用品的权利

从业人员在作业过程中，应当严格遵守本单位的安全生产规章制度和操作规程，服从管理，正确佩戴和使用劳动防护用品。

（8）获得安全生产教育和培训的权利

从业人员应当接受安全生产教育和培训，掌握本职工作所需的安全生产知识，提高安全生产技能，增强事故预防和应急处理能力。

2. 义务

（1）遵守操作规程和法律法规的义务

从业人员在作业过程中，应当遵守本单位的安全生产规章制度和操作规程，服从管理，正确佩戴和使用劳保护品。

（2）学习安全生产知识的义务

要求从业人员掌握本职工作所需的安全生产知识，提高安全生产技能，增强事故预防和应急处理能力。

（3）危险报告义务

从业人员发现事故隐患或者其他不安全因素时，应当立即向现场安全生产管理人员或者单位负责人报告。劳动法规定：从业人员发现事故隐患或者其他不安全因素，应当立即向现场安全生产管理人员或者本单位负责人报告；接到报告的人员应当及时予以处理。

第二节　制冷与空调设备安装修理安全管理制度

一、安全管理规章制度

1. 制冷与空调作业人员安全培训与考核

特种作业是一种容易发生人员伤亡事故，并对操作者本人、他人及周围设施的安全产生重要危害的作业。因此，特种作业人员的安全技术素质及行为对于安全状况至关重要。

为了规范特种作业人员的安全技术培训考核工作，提高特种作业人员的安全技术水平，防止和减少伤亡事故，根据《安全生产法》、《行政许可法》等有关法律、行政法规，国家安全生产监督管理总局于 2010 年 4 月公布了《特种作业人员安全技术培训考核管理规定》，自 2010 年 7 月 1 日起施行。

本规定所称特种作业，是指容易发生事故，对操作者本人、他人的安全健康及设备、设施的安全可能造成重大危害的作业。本规定所称特种作业人员，是指直接从事特种作业的从业人员。

特种作业人员应当符合下列条件：

（1）年满 18 周岁，且不超过国家法定退休年龄。

（2）经社区或者县级以上医疗机构体检健康合格，并无妨碍从事相应特种作业的器质性心脏病、癫痫病、美尼尔氏症、眩晕症、癔病、震颤麻痹症、精神病、痴呆症以及其他疾病和生理缺陷。

（3）具有初中及以上文化程度。

（4）具备必要的安全技术知识与技能。

（5）相应特种作业规定的其他条件。

特种作业人员应当接受与其所从事的特种作业相应的安全技术理论培训和实际操作培训。

特种作业人员必须经专门的安全技术培训并考核合格，取得《中华人民共和国特种作业操作证》（以下简称特种作业操作证）后，方可上岗作业。特种作业操作证有效期为6年，在全国范围内有效。并且规定特种作业操作证每3年复审1次。特种作业人员在特种作业操作证有效期内，连续从事本工种10年以上，严格遵守有关安全生产法律法规的，经原考核发证机关或者从业所在地考核发证机关同意，特种作业操作证的复审时间可以延长至每6年1次。

特种作业操作证由安全监管总局统一式样、标准及编号。

离开特种作业岗位6个月以上的特种作业人员，应当重新进行实际操作考核，经合格后方可上岗作业。

2. 制冷与空调作业安全管理规定

（1）《制冷与空调作业安全技术规范》对制冷空调作业的管理提出了很多具体规定，包括以下内容：

1）制冷空调作业单位应按国家规定配备制冷空调作业安全管理人员。

2）制冷空调作业单位主要负责人、安全管理人员操作人员和制冷剂充装人员都必须经过专门的安全培训、考核，持证上岗。

3）制冷空调作业单位安全管理主要职责：

①制定操作规程和岗位责任制度。

②组织制冷空调系统的安装验收工作。

③建立制冷空调系统的安全技术档案，包括：设计资料、产品合格证、安装、调试、验收、培训、维修、更新和事故处理等，并做永久保存。

④运行记录应保存三年以上。

（2）制冷空调作业单位应建立下列安全管理制度：

1）交接班制度。

2）巡回检查制度。

3）压力容器、安全装置、仪表定期检查制度。

4）防护用品、安全用具管理制度。

5）制冷空调设备档案制度。

6）作业人员安全教育与培训制度。

7）设备管理制度。

8）制冷空调系统水质管理制度。

9）制冷空调机房防火管理制度。

10）制冷空调作业事故应急预案制度。

11）制冷空调作业安全操作规程。

3. 建立组织机构与确定管理目标

（1）组织机构

应根据制冷空调设备的规模建立起相应的设备管理机构和班组管理体系，实行定员定岗，配备适应管理要求的工程师，技师和操作维修人员。

（2）管理目标

通过强化设备安全管理，保持设备的完好率，争取最佳的设备运行安全性。

（3）管理内容

设备管理包括以下几个方面：

1）设备的选购和配备。

2）设备的使用和维护保养。

3）设备的计划检修和技术改造。

4）设备的安全措施与事故处理。

5）设备技术资料的归档管理等。

4. 制冷设备操作安全管理

制冷设备操作安全管理包括以下内容：

（1）制冷压缩机的动转安全管理。

（2）制冷系统辅助设备的安全操作管理。

（3）制定相应的安全操作管理规程，包括以下内容：

1）设备的正常开机、关机程序。

2）设备正常运转时的技术参数管理规程。

3）紧急情况处理与报告程序。

4）设备日常维护保养规程。

5）操作人员岗位纪律以及安全责任管理规程。

（4）安全防护用品的配备和管理。

（5）消防器材的配备、使用和管理等。

二、劳动保护与保障知识

1.《中华人民共和国劳动法》

《中华人民共和国劳动法》于 1994 年 7 月 5 日第八届全国人民代表大会常务委员会第八次会议通过，1995 年 1 月 1 日正式开始实施。共十三章 107 条，规定如下：

（1）用人单位必须建立、健全劳动安全卫生制度，严格执行国家劳动安全卫生规程和标准，对劳动者进行劳动安全卫生教育，防止劳动过程中发生事故，减少职业危害。

（2）劳动安全卫生设施必须符合国家规定的标准。新建、改建、扩建工程的劳动安全卫生设施必须与主体工程同时设计、同时施工、同时投入生产和使用。

（3）用人单位必须为劳动者提供符合国家规定的劳动安全卫生条件和必要的劳动防护用品，对从事有职业危害作业的劳动者应当定期进行健康检查。

（4）从事特种作业的劳动者必须经过专门培训并取得特种作业资格。

（5）劳动者在劳动过程中必须严格遵守安全操作规程。劳动者对用人单位管理人员违章指挥、强令冒险作业，有权拒绝执行；对危害生命和身体健康的行为，有权提出批评、检举和控告。

（6）国家建立伤亡事故和职业病统计报告和处理制度。县级以上各级人民政府劳动行政部门、有关部门和用人单位应当依法对劳动者在劳动过程中发生的伤亡事故和劳动者的职业病状况，进行统计、报告和处理。

2.《劳动保障监察条例》

《劳动保障监察条例》已经 2004 年 10 月 26 日国务院第 68 次常务

会议通过，自 2004 年 12 月 1 日起施行。共五章 36 条，该条例规定如下：

对职业介绍机构、职业技能培训机构和职业技能考核鉴定机构进行劳动保障监察，依照《劳动保障监察条例》执行。劳动保障行政部门对职业介绍机构、职业技能培训机构和职业技能考核鉴定机构遵守国家有关职业介绍、职业技能培训和职业技能考核鉴定的规定的情况实施劳动保障监察；劳动安全卫生的监督检查，由卫生部门、安全生产监督管理部门、特种设备安全监督管理部门等有关部门依照有关法律、行政法规的规定执行。

3.《使用有毒物品作业场所劳动保护条例》

《使用有毒物品作业场所劳动保护条例》于 2002 年 4 月 30 日国务院第 57 次常务会议通过。共八章 71 条。该法为了保证作业场所安全使用有毒物品，预防、控制和消除职业中毒危害，保护劳动者的生命安全、身体健康及其相关权益，根据职业病防治法和其他有关法律、行政法规的规定而制定该条例。该条例规定如下：

从事使用有毒物品作业的用人单位（以下简称用人单位）应当使用符合国家标准的有毒物品，不得在作业场所使用国家明令禁止使用的有毒物品或者使用不符合国家标准的有毒物品。

用人单位应当依照本条例和其他有关法律、行政法规的规定，采取有效的防护措施，预防职业中毒事故的发生，依法参加工伤保险，保障劳动者的生命安全和身体健康。

用人单位的设立，应当符合有关法律、行政法规规定的设立条件，并依法办理有关手续，取得营业执照。用人单位的使用有毒物品作业场所，除应当符合职业病防治法规定的职业卫生要求外，还必须符合下列要求：

（1）作业场所与生活场所分开，作业场所不得居住。

（2）有害作业与无害作业分开，高毒作业场所与其他作业场所隔离。

（3）设置有效的通风装置；可能突然泄漏大量有毒物品或者易造成急性中毒的作业场所，设置自动报警装置和事故通风设施。

（4）高毒作业场所设置应急撤离通道和必要的泄险区。

使用有毒物品作业场所应当设置黄色区域警示线、警示标识和中文警示说明。警示说明应当包括产生职业中毒危害的种类、后果、预防以及应急救治措施等内容。

有关管理人员应当熟悉有关职业病防治的法律、法规以及确保劳动者安全使用有毒物品作业的知识。

用人单位应当对劳动者进行上岗前的职业卫生培训和在岗期间的定期职业卫生培训，普及有关职业卫生知识，督促劳动者遵守有关法律、法规和操作规程，指导劳动者正确使用职业中毒危害防护设备和个人使用的职业中毒危害防护用品。

劳动者经培训考核合格，方可上岗作业。

用人单位应当确保职业中毒危害防护设备、应急救援设施、通信报警装置处于正常使用状态，不得擅自拆除或者停止运行。

用人单位应当对前款所列设施进行经常性的维护、检修，定期检测其性能和效果，确保其处于良好运行状态。

三、安全责任制

《安全生产法》第四条明确规定："生产经营单位必须遵守本法和其他有关安全生产的法律、法规，加强安全生产管理，建立、健全安全生产责任制度，完善安全生产条件，确保安全生产"。该法还规定：生产经营单位的主要负责人对本单位的安全生产工作全面负责。生产经营单位的从业人员有依法获得安全生产保障的权利，并应当依法履行安全生产方面的义务。"安全第一，预防为主"是安全安装维修作业的基本方针。作业单位主要负责人和管理人员在组织安装维修的时候要负安全责任，每个从业人员在进行安全生产、操作的时候，同样要负安全责任。各级人员及各部门人员对安装维修作业的职责，即安全责任制。只有当每个人、每个部门都按照安全责任制的规定，各负其责，安全作业才会有保证。

安装维修单位的主要负责人是本单位安全操作的第一责任者，对安全工作全面负责。其职责如下：

（1）建立、健全本单位安全作业责任制。

（2）组织制定本单位安全作业规章制度和操作规程。

（3）保证本单位安全作业投入的有效实施。

（4）督促、检查本单位的安全作业工作，及时消除安全作业事故隐患。

（5）组织制定并实施本单位的安全作业事故应急救援预案。

（6）及时、如实报告安全作业事故。

制冷与空调安装维修从业人员对本岗位的安全作业负有直接责任。从业人员要接受安全作业教育和培训，遵守有关安全操作规章和安全操作规程，不违章作业，遵守劳动纪律。特种作业人员必须接受专门的培训，经考试合格取得操作资格证书的，方可上岗作业。

第三节　制冷与空调设备安装修理作业人员职业道德和安全职责

1. 职业道德

通常所说的职业，是指人们由于社会分工而从事具有专门业务和特定职责并以此作为主要生活来源的工作。而道德则是人的综合素质的一个方面，它是一定社会、一定阶级向人们提出的处理人和人之间、个人和社会、个人与自然之间各种关系的一种特殊的行为规范，包含丰富的内容。

职业道德是指从事一定职业劳动的人们，在特定的工作和劳动中以其内心信念和特殊社会手段来维系的，以善恶进行评价的心理意识、行为原则和行为规范的总和，它是人们在从事职业的过程中形成的一种内在的、非强制性的约束机制。

职业道德是整个社会道德的主要内容。职业道德一方面涉及每个从业者如何对待职业，如何对待工作，同时也是一个从业人员的生活态度、价值观念的表现；是一个人的道德意识，道德行为发展的成熟阶段，具有较强的稳定性和连续性。另一方面，职业道德也是一个职业集体，甚至一个行业全体人员的行为表现，如果每个行业、每个职业集体都具备优良的道德，对整个社会道德水平的提高会发挥重要作用。

职业道德的主要内容如下：

（1）文明礼貌

文明礼貌是职业道德的重要规范，是从业人员上岗的首要条件和基本素质，同时也是一个行业、一个企业整体形象的集中展示，体现了塑造企业形象的需要。文明礼貌的具体要求是：仪表端庄，语言规范，举止得体，待人热情。

（2）爱岗敬业

爱岗敬业作为最基本的职业道德规范，是对人们工作态度的一种普遍要求。爱岗就是热爱自己的工作岗位，热爱本职工作，敬业就是要用一种恭敬严肃的态度对待自己的工作。在社会主义市场经济条件下，爱岗敬业的具体要求主要是：树立职业理想、强化职业责任、提高职业技能。

（3）诚实守信

诚实守信是处理人际关系的准则和行为。诚实是守信的心理品格基础，也是守信表现的品质；守信是诚实品格必然导致的行为，也是诚实与否的判断依据和标准。诚实守信作为一种职业道德就是指真实无欺、遵守承诺和契约的品德和行为。诚实守信即是为人之本也是从业之道，它的具体要求是：忠诚所属企业，维护企业信誉，保守企业秘密。

（4）办事公道

办事公道就是指我们在办事情、处理问题时，要站在公正的立场上，对当事双方公平合理、不偏不倚，不论对谁都是按照一个标准办事。办事公道是职业劳动者应该具有的品质。办事公道的具体要求：坚持真理，公私分明，公平公正，光明磊落。

（5）勤劳节俭

勤劳节俭是中华民族的传统美德。所谓勤劳，就是辛勤劳动，努力生产物质财富和精神财富。节俭则是节制、节省、爱惜公共财物和社会财务以及个人的生活用品。勤劳节俭对于正确维护个人与个人之间、个人与集体之间、个人与国家之间的利益关系具有深刻的道德意义，既是社会美德更是人生美德。

（6）遵纪守法

所谓遵纪守法指的是每个从业人员都要遵守纪律和法律，尤其要遵守职业纪律和与职业活动有关的法律法规。从业人员遵纪守法是职业活动正常进行的基本保证，它直接关系到企业的发展和个人的前途。遵纪守法作为职业道德的一条重要规范，是从业人员的基本义务和必备素质，也是对从业人员的基本要求。

职业纪律是每个从业人员开始工作前就应明确的，在工作中必须遵守，必须履行的职业行为规范。它以行政命令的方式规定了职业活动中最基本的要求，明确规定了职业行为的内容，职业规范包括：岗位责任，操作规则，规章制度。

遵纪守法的基本要求是学法、知法、守法、用法。

（7）团结互助

团结互助是指在人与人的关系中，为了实现共同的利益和目标，互相帮助、互相支持、团结协作、共同发展。团结互助，作为处理从业人员之间和职业集体之间关系的重要道德规范，要求从业人员顾全大局，友爱亲善，真诚相待，平等尊重，搞好同事之间、部门之间的团结协作，以实现共同发展。团结互助的基本要求是：平等尊重、顾全大局、互相学习、加强协作。

（8）开拓创新

创新是指人们为了发展的需要，运用已知的信息，不断突破常规，发现或产生某种新颖、独特的有社会价值或个人价值的新事物、新思想的活动。创新的本质是突破，即突破旧的思维定势，旧的常规戒律。它追求新异、独特、最佳、强势，并必须有益于人类的幸福、社会的进步。创新是事业发展的动力，创新是事业竞争取胜的最佳手段，创新也是个人事业成功的关键因素。开拓创新首先要强化创造意识，确立科学思维，更要有坚定的信心和意志。

2. 安全职责

（1）制冷空调作业人员安全职责原则要求

1）严格执行安全操作规程及有关安全制度，做好安全运行。

2）按时巡视检查设备，认真填写各项报表和值班记录。

3）根据主管领导安排，认真做好机组开车准许工作和现场监护。

4）负责当值异常情况和事故处理，并立即向主管领导报告，配合电气及维修人员工作及时处理故障。一旦发现检修人员危及人身和设备安全时有权制止，待符合安全条件后方可重新工作。

5）按照规定做好交接班工作，并执行好相应的检查检测制度。

（2）交接班制度

它是一项使上下班之间衔接生产交代责任，保证安全生产连续进行的一项重要制度。它所规定的交接事项一般有：完成任务的情况，质量情况，设备情况；工具、量具、各种仪表，安全装置情况，以及安全生产及预防措施；为下一班生产所进行的准备情况；上级指示和注意事项等情况。

1）交接班值班人员应按规定时间进行交接班，交接人员应办理交接手续，签字后交班人员方可离去。

2）交接班时系统运转记录必须完整，设备、环境卫生良好，交班负责人应向接班负责人介绍运转情况和应注意的问题，设备检修、改进等工作情况及结果；当值者已完成和未完成的工作及有关措施。交接班人员应分别对各环节进行详细交接。

3）遇事故处理，不得进行交接班。应由交班人员负责处理，接班人员可在站（库）长指挥下协助工作。

4）接班人员应认真查看各项记录，巡视检查设备及各种装置、仪表安全运行状况是否正常，了解上班设备异常及事故处理情况；核对防护用品、安全用具等是否齐全；检查工作现场环境状况。

（3）巡回检查制度

巡回检查制度是对所控设备的要害部位进行检查的制度，即根据安全生产和工艺流程特点，确定检查内容和要求，选用最科学的检查路线和顺序实行定时、定点对生产的重要部位进行全面检查，掌握情况、记录资料、发现问题、排除隐患。这是确保制冷空调作业安全生产的一项重要制度。

1）正常巡视除交接班巡视外，还包括定时进行巡视。

2）在新设备投入运行后，以及设备异常、试验、检修、事故处理后，应适当增加巡视次数。

3）值班巡视人员巡视检查中，必须遵守安全操作规程，确保人身安全。

4）巡视检查中遇有严重威胁人身和设备安全情况，应进行紧急处理，并立即报告主管领导。

（4）受压容器、安全阀和压力表定期检测制度

压力容器使用单位，必须认真安排压力容器的定期检验工作，并将压力容器年度检验计划报主管部门和当地劳动部门锅炉压力容器安全监察机构。

1）企业使用单位应编制检验计划，每年至少一次配合专业检验人员进行在运行压力容器外部检测。

2）压力容器停机时检验，期限如下：

①安全状况为 1～3 级的，每隔 6 年至少一次。

②安全状况为 3～4 级的，每隔 3 年至少一次。

3）运行压力容器的安全阀一般每年至少由专业检测部门检验一次，每开启一次必须重新校验一次。

4）压力表必须与压力容器的介质相适应，每年必须经法定检验部门校验一次。使压力表灵敏、有效、可靠。

（5）各种安全用具及防护用品的管理

1）防护用品、安全用具可根据具体情况设兼职保管员由制冷站负责人负责。

2）防毒面罩、防护用品以及其他防护治疗药品应存放在固定地点，禁止作其他用途。

3）安全用具按照规程规定定期检验，对不合格的安全用具报废后，应补足新用具置于原存放处。

4）防护用品、安全用具使用后应送回原处存放。

5）消防用具应存放在指定地点，由专人负责。如有过期失效或损坏，应报有关部门及时处理。

第二章 制冷与空调设备安装修理作业基础知识

第一节 物态变化与基本参数

一、物质与工质、压力、温度

制冷与空调技术是应用热力学理论和制冷循环原理，通过制冷与空调设备，实现能量的转换与传递。热力学是研究热能与其他能量相互转化规律的科学。所以，了解和掌握热力学基础知识，对正确理解制冷与空调设备的工作原理很有帮助。通过学习热力学基础知识，可以更深刻地理解制冷与空调设备安全运行与操作的重要意义，并能够根据设备的特点和用途，采取正确的安全维护方法和安全修理技术。

1. 物质与物态变化

物质是一个科学上没有明确定义的词，一般是指静止质量不为零的东西。物质也常用来泛称所有组成可观测物体的成分。自然界中的物质是由分子或原子组成的。分子或原子都以不同的形式不停地运动着，它们之间存在或强或弱的相互作用。在通常情况下，物质有三种物态，即固态、液态和气态。

（1）固态

固态的特征是有固定的体积和形状，分子间的距离最小，相互间的引力大，分子只能在自己的平衡位置作振幅很小的振动，而不能相互移动。对于晶体来说，分子（或原子或离子）之间保持距离有序的周期性排列，因此具有一定的形状和力学强度。

（2）液态

液体有一定的体积，具有流动性而无固定的形状，分子可在其平衡位置做振幅较大的振动，分子之间保持短程有序的"相对稳定"的排列，基本上不可压缩。

（3）气态

气体没有固定的形状，也没有固定的体积，将充满其容器。在没有容器的情况下，分子向四面八方扩散。气体分子间距离大而无定值，相互间的引力小而不能相互约束，不停地进行着毫无规则的运动，它可以无限膨胀，也可以大大压缩。关于分子气体，人们有一些假设，其中之一是每个分子运动速度各不相同，而且通过分子与分子或分子与器壁碰撞不断发生变化。

2. 制冷工质与制冷系统

在制冷技术中，能够实现能量转化或能量传递的工作介质叫做工质，供给工质热量的高温物质叫做高温热源；吸收工质所放出的热量的冷却介质或周围环境叫做低温热源。制冷系统是工作于两个不同热源之间的一种系统。制冷剂是制冷系统中使用的制冷介质，或称制冷工质。

工质应具有可压缩性和流动性，能够在密闭的系统中循环流动，通过自身热力状态的变化与外界发生热能的交换。各种气体、蒸气及其液体都是工程上常用的工质。制冷系统的最优工质物质，应根据制冷与空调的目的和具体制冷设备的结构来选定。蒸气压缩式制冷系统中常用的工质，主要有氨和氟利昂等。在吸收式制冷系统中，则经常使用两种组分混合而成的工质，称为工质对。

3. 压力

（1）压力（压强）

地球上的物体在地心引力作用下都具有垂直向下的重力，物体的重力作用在其他物体上就会对它产生一定的压力。当气体分子充装在一个密闭空间里时，气体分子在不停地运动，不断地与容器器壁发生碰撞，这种碰撞也形成了对器壁的压力，这个压力的方向总是垂直于容器的内表面。容器承受总压力的大小由受力面积而定，也与物质的温度、密度等状态参数有关。

单位面积上所承受的垂直作用力，制冷工程中称为压力，而物理学中则称为压强。本书中所说的压力是气体或液体的压强的混称，所谓的压力数值实际上是指压强的大小。

在一个密闭容器里，由于容器内气体分子运动在容器表面受到力的作用，则压强公式如下所示：

$$p = F/A$$

式中　p——压强，Pa；

　　　F——垂直作用在 A 面积上的压力，N；

　　　A——总压力的作用面积，m^2。

（2）压力的单位

1）大气压。空气分子也有一定的质量，空气分子不停地运动，不断地与物体表面发生碰撞，这就产生了压力。地球表面的空气层对地面产生的压力称为大气压力，简称大气压。大气压的大小与地面位置、高度、季节、气象条件有关，所以曾规定了标准大气压（atm）。标准大气压指的是在地球纬度45°处海平面，温度为0℃时所测得的大气平均压力。其值为 1.013×10^5 Pa。但是，这是应废止的单位。

2）压力单位。力的量的符号为 F，它的法定计量单位为牛（顿）（N）。面积的量的符号为 A（或 S），它的法定计量单位为平方米（m^2）。压力的量的符号为 p，它的法定计量单位为帕［斯卡］，用符号 Pa 表示。

$$1\ Pa = 1\ N/m^2$$

在工程实际应用中，Pa 的单位太小，因此常使用千帕（kPa）或兆帕（MPa）。

$$1\ MPa = 10^3\ kPa = 10^6\ Pa$$

所以 1 标准大气压可认为等于 0.1 MPa，即

$$1\ atm = 0.1\ MPa$$

制冷与空调工程中，有时也沿用 1 kgf/cm^2 表示 1 工程大气压，则

$$1\ kgf/cm^2 = 0.098\ 1\ MPa$$

在采暖通风空调技术中，压力有时也用液柱高度表示，若液柱高度为 h，液体的密度为 ρ，容器底面积为 S，液体作用在容器底面的总

压力 F 为

$$F = h\rho Sg$$

则压力（压强）p 为：

$$p = F/S = h\rho g$$

上式表明，某种液体的密度为常数，所以液柱的高度 h 就与一定的压力相对应，而与容器的底面积大小无关，压力的大小完全可以用液柱高度来表示。常用的液体有水和水银，相应的压力单位为约定毫米水柱（mmH_2O）和约定毫米汞柱（mmHg）。

$$1 \text{ mmH}_2\text{O} = 9.81 \text{ Pa}$$

$$1 \text{ mmHg} = 133.33 \text{ Pa}$$

各种常见压力单位的换算因数见表2—1。

表2—1 压力单位换算

单位	Pa	atm	kgf/cm²	mmHg	mmH₂O
Pa	1	9.87×10^{-6}	1.02×10^{-5}	7.5×10^{-3}	1.02×10^{-1}
atm	1.013×10^5	1	1.033	7.6×10^2	1.033×10^4
kgf/cm²	9.81×10^4	9.67×10^{-1}	1	7.36×10^2	1×10^4
mmHg	1.333×10^2	1.316×10^{-3}	1.36×10^{-3}	1	13.596
mmH₂O	9.81	9.678×10^{-5}	1×10^{-4}	7.36×10^{-2}	1

应该注意，表2—1中的后4个单位是应废止的单位。应废止的单位还有巴（bar）、托（Torr）和工程大气压（at），但巴在国际上暂时还允许使用。

（3）几种常用压力

1）绝对压力。绝对压力是以零压强为参考测出的压力，反映容器中的气体或液体对容器的实际压力。热力学计算中所用到的压力均为绝对压力。

2）相对压力。也称表压力，即由压力表测出来的压力，它表示容器中流体的压力比大气压高出的数值。相对压力与大气压力之和即为绝对压力。

3）真空度。低于大气压的气体状态称为"真空"。真空系统的压强称真空度。一般可由真空计测出。把气体分子从容器排出而获得真空的过程称为抽真空。

在制冷与空调技术中，经常要涉及以上三种压力。绝对压力多指设备内部的真实压力，制冷技术方面的有关图表上所标注的压力一般为绝对压力。

4. 温度和温标

（1）温度

温度是表示物质冷热程度的物理量。理论上讲只要高于 $-273.15℃$，无论处于何种状态，物质内的分子运动都不会停止。分子运动的快慢直接影响分子平均动能的大小，分子平均动能越大，物质的温度越高；分子平均动能越小，物质的温度越低。即分子运动的平均动能值决定了物质的温度高低，它反映了物质分子热运动的剧烈程度。

（2）温标

物体温度是可以测量的。为了定量地测量温度，需要规定温度的数值表示方法，即温标。在制冷与空调技术中，常用的温标有摄氏温标（t）、华氏温标（F）、热力学温标（T）。它们的单位分别是摄氏度℃、华氏度℉、开（尔文）K。

1）摄氏温度。规定在一个标准大气压（1.013×10^5 Pa）下，纯净水的冰点为 0℃，沸点为 100℃，在这两点之间分成 100 等份，每一等份为 1℃，记作 1℃。以摄氏温度为刻度的温度计称为摄氏温度计。摄氏温度使用方便，易读易算，是我国法定计量单位。

2）华氏温度。规定在一个标准大气压下，纯净水的冰点为 32℉，沸点为 212℉，在这两点之间分成 180 等份，每一等份为华氏 1 度，记作 1℉。以华氏温度为刻度的温度计称为华氏温度计。华氏温度分度细，准确性高，但使用不方便。

3）热力学温度。又曾称绝对温度。它是热力学温标指示的温度。在该温标中，规定水的三相点温度为 273 K，标准大气压下沸点为 373 K，在两点之间分成 100 等份，每一等份为 1 K 即热力学温度 1 度。在热力学中规定，当物质内部的分子运动停止时，其绝对温度为零度，即 $T = 0$ K。热力学理论表明，热力学零度是不能达到的。热力学温度多用于理论研究和理论计算。

按照规定，当温度值在零度以上时，温度数值为正值，数值前面

加 " + " 号, " + " 号可以省略; 当温度值在零度以下时, 温度值为负值, 数值前面加 " - " 号, " - " 号不可省略。

(3) 三种温标换算

我国在制冷与空调技术中, 经常使用摄氏温度和热力学温度。某些进口设备的技术指标中使用华氏温度。三种温标之间的关系如图2—1所示。

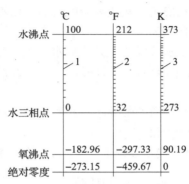

图 2—1　三种温标之间的关系

1—摄氏温度计　2—华氏温度计　3—热力学温度计

把华氏温度换算成摄氏温度, 由下式计算:

$$t = 1.8 \times (F - 32)$$

式中　t——摄氏温度;

　　　F——华氏温度。

把摄氏温度换算成华氏温度, 按下式计算:

$$F = 1.8t + 32$$

式中　F——华氏温度;

　　　t——摄氏温度。

摄氏温度与热力学温度的关系式如下:

$$T = t + 273 \qquad 或 \qquad t = T - 273$$

式中　T——绝对温度;

　　　t——摄氏温度。

测量物体温度的仪器叫温度计。温度计种类很多, 制冷与空调技术中常用的有热电偶温度计、电接点式温度计、半导体温度计、数字温度计等。它们大都以摄氏温标为计量单位。

（4）几种常用温度

1）室温。通常表示居住生活场所的正常温度。在制冷与空调工程中，它表示被操作调节的空间温度，如冷藏间或空调室等的温度。

2）露点温度。表示在一定湿度和压力下，湿空气中所含的水蒸气开始凝结时的温度。此时的相对湿度为100%。

3）干球温度。在修正了热辐射影响之后，由准确的温度计指示的气体或气体混合物的温度。

4）湿球温度。当水蒸发或冰升华成水蒸气至空气中，使空气在相同的温度下绝热地处于饱和状态时的温度。一般可用湿球温度计测得，湿球温度要比干球温度低。

5）临界温度。与物质的临界状态相对应的饱和温度。在临界状态下，液体和气体具有相同的特性。

6）三相点。在单一物质系统中，气、液、固三相平衡共存时的温度。

二、物质状态变化、热能、热量与比热

1. 物质状态变化

物质形成何种物态，是由分子间作用力大小和分子热运动的强弱来决定的。在缓慢升温过程中，每当某种相互作用的特征能量不足以抗衡热运动能的破坏时，物质的宏观状态就可能发生变化，从而出现一种新的物态。在一定的成分下，当温度变化时，物质所发生的从一种状态到另一种状态的转变称为物态转变。三种物态相互转化的过程如图2—2所示。

以水为例：水随着外部条件温度、压力的变化，其物态也相应发生变化。在标准大气压下，当水被加热到100℃时会逐渐变成气态，即水蒸气，而水被冷却到0℃时会逐渐变成固态，即冰。反之，固态冰吸收热量，温度高于0℃时会全部变成液态，即水。水蒸气放出热量，温度低于100℃时会全部变成液态，即水。物态变换过程中主要

图2—2 三种物态的转化

体现热量的交换以及温度的变化。

物质由固态变为液态的过程称为熔解，如冰融化成水。熔解的逆过程称为凝固，即液态物质变为固态物质。物质在熔解和凝固过程中伴随着吸热、放热，但温度不发生变化。物质熔解或凝固时的温度称为该物质的熔点或凝固点。

物质由气态变为液态的过程称为液化，如水蒸气液化成水。液化的逆过程称为汽化。汽化有两种不同的方式，一种是液体内部和表面同时汽化的现象，称为沸腾；另一种是在液体表面产生的汽化现象，称为蒸发。制冷技术中使用的"蒸发"一词，是蒸发和沸腾两种汽化现象的统称。

固态物质不经过液化而直接变为气体的过程称为升华，如干冰（固体 CO_2）变为 CO_2 气体的过程。升华的逆过程称为凝华。

物质三态相互转化，特别是液态、气态相互转化，对制冷技术有着重要意义。制冷技术是利用制冷剂物质的液态—气态—液态变化，实现热量从低温环境向高温环境的转移，从而达到采用人工的方法调节并保持一定的温度的目的。

2. 热量及其基本参数

（1）热能与热量

许多宏观物体是由大量分子组成的。分子不规则的热运动和分子之间的相互作用，构成了物体分子的动能和势能。物体的分子的动能和分子相互作用引起的势能的总和叫做物体的内能，也称作物体的热能。

热量是能量的一种形式，是由分子的无规则运动产生的，微观上体现为物体内分子热运动的剧烈程度，物体内分子平均动能越大，则物体温度越高；反之，物体温度越低。物体受压力、日光照射、通电、化学作用或燃烧等，均可使分子运动加剧，在宏观上则表现出物体温度的升高，即物体从外界吸收热量，自身热能增加，物体温度升高；反之，物体向外界放出热量，自身热能减少，温度降低。

热量与其他形式的能量可以相互转换，如电能转换成热能，热能转换成机械能等。热与功也可以相互转换。一定量的热消失时必然产生一定量的功，消耗一定量的功也必然产生与其相应的一定量的热。

热量是通过两个存在温差的物体而传递的能量，并且从高温物体传递给低温物体，是表示物体吸收或放出多少热的物理量，所以热量只有在热能转移过程中才有意义。制冷与空调技术就是研究和利用热能的转移过程及其量的关系的科学。

热量的单位主要有国际单位、公制工程单位、英热单位。国际单位是焦（耳）（J）。这也是我国国家法定计量单位。其物理含义：1 N 的力使物体在力的方向上发生 1 m 位移所做的功为 1 J。

热量的公制工程单位用卡（cal）、大卡（kcal）表示。其物理含义是 1 g 纯水在标准大气压力下，温度升高或下降 1℃ 所需吸收或放出的热量为 1 cal。这种单位是已废止的单位，但在实际工作中还会遇到，故予以介绍。

英国、美国常采用 Btu 作为热量的单位，称 Btu 为英制热单位。其物理含义为 1 磅纯水在标准大气压下，温度升高或下降 1℉，所需吸收或放出的热量为 1 Btu。这也是已废止的单位，但在实际工作中还会遇到，故予以介绍。

三种热量单位之间的换算关系见表 2—2。

表 2—2 热量单位换算

单位	kJ	kcal	Btu
kJ	1	0.24	0.95
kcal	4.18	1	3.97
Btu	1.05	0.252	1

（2）比热容

物体的温度发生一定量变化时，物体所吸收或放出的热量，不仅与其自身性质有关，而且还与物体的质量有关。相同性质组成的物体质量不同，它们升高或降低 1℃ 时所吸收或放出的热量是不同的。同样，相同质量而由不同性质组成的物体升高或降低 1℃ 所吸收或放出的热量也是不同的。这是因为各种物质的比热容是不同的。把单位质量的某种物质升高或降低 1℃ 所吸收或放出的热量，称为这种物质的比热容或质量热容，单位是 J/（kg·℃）。

制冷工程中，在温度变化范围不太大，或者计算要求不太精确的场合，往往把比热容取为定值。例如，将水的比热容取为 4.18 J/（kg·℃），冰的比热容取为 2.09 J/（kg·℃）。

物体温度的变化将伴随着热量的转移，即得到热量或放出热量。得到或放出热量的数值与该物质的质量热容、质量及温度变化值成正比。计算式如下：

$$Q = cm\ (t_2 - t_1)$$

式中　Q——热量，J；

　　　c——物质质量热容，J/（kg·℃）；

　　　m——物质的质量，kg；

　　　t_1——物体初始温度，℃；

　　　t_2——物体终止温度，℃。

（3）显热与潜热

物质在吸收或放出热量时，根据该物质温度是否变化，把它吸收或放出的热分为显热和潜热。

1）显热。物质在被冷却或加热过程中，物质本身不发生状态变化，只是其温度降低或升高，在这一过程中物质放出或吸收的热量称为显热。显热可用温度计来测量，也能使人们感觉到热，这种热又称为可感热。例如，把一块铁放在火炉上加热，铁块不断吸收热量，温度逐渐升高，在铁块熔化成铁液之前，其形态始终是固体，而温度是可以测量出来的，这时铁块所吸收的热称为固体显热。如果把一壶水放在火炉上加热，水不断吸收热量，温度随着不断升高，当水的温度未达到100℃时，其形态仍然为液体水，它所吸收的热量（如果把蒸发忽略）称为液体显热。如果把气体密闭在一个容器内，从外界继续加热，则气体的温度不断上升，但气体仍然为气体，此时吸收的热（如果未发生裂解或其他反应）则为气体显热。

2）潜热。物质在被冷却或加热过程中，物质本身只是状态发生变化，而温度不发生变化，如物质由液态变成气态、液态变成固态，在这一过程中物质吸收或放出的热称为潜热。它无法用温度计测量，但可以计算出来。例如，对 0℃ 的冰加热，在冰完全融化成水之前，冰逐渐由固体变为冰水混合物，这时，冰所吸收的热称为熔解潜热。把一杯水放入冷冻室，当水温降至 0℃ 以后，杯内水开始凝固成冰，尽管水仍将向四周散热，但此时杯内冰水的温度仍为 0℃，只是杯内冰在增多，而水在减少。水在结冰过程中向外放出的热称为凝固热。液体在沸点汽化时所吸收的热量叫汽化热。对 100℃ 的水继续加热，水便开始沸腾，水急剧转化为气体，而水的温度没有改变，这个过程中单位质量的水所吸收的热称为它的汽化热。所生成的水蒸气在液化时，也将放出同样的热。

水的三种状态和显热、潜热的关系如图 2—3 所示。

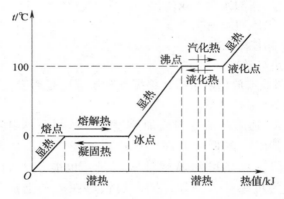

图 2—3　水的三种状态和显热、潜热的关系

在蒸气压缩式制冷系统中，利用制冷剂在蒸发器的低压状态下由液态变成气态时吸收大量汽化热；在冷凝器的高压状态下由气态变成液态时向外部环境放出大量液化热，通过制冷剂在制冷系统中的循环达到制冷目的。

三、热传递的基本方式

热是一种能量，在没有外力的作用下，热总是从温度高的物体传到温度低的物体。把两个温度高低不同的物体放在一起（接触或相互靠近），它们各自的温度将发生变化：较热的降温，较冷的升温。这个过程实际上是热能的传递，即内部分子不规则运动剧烈的物体把一部分热能传递给这种运动较不剧烈的物体。无论物质处于三态中的何种状态，只要它们之间存在温差，并且它们之间不存在绝热介质，那么就必然存在热量的传递过程。不仅如此，热能传递也可以在同一物体冷热程度不同的部分间发生。热传递是一个十分复杂的过程。在制冷与空调技术中，制冷与空调空间热负荷的确定，热（冷）媒输送管道的隔热保温，制冷设备的设计、选型和性能评价，都涉及依据热传递规律进行的分析和计算。

热传递有三种基本方式：热传导、对流与辐射。在实际的传热过程中，这三种热传递方式往往同时进行，当然也存在只有一种方式传热的情况。

1. 热传导

热量由物体内部的某一部分传递到另一部分，或者是两个不同温度的物体互相接触，热量由温度高的物体传递给温度低的物体，在这样的传热过程中，物体各部分物质并未移动，这种热传递的形式叫热传导。热传导是依靠物质的分子、原子或自由电子等微观粒子的热运动传递热量的。在纯热传导过程中，物体各部分之间不发生相对位移，也没有能量形式的转换。

在制冷与空调技术中，冷库墙体内热量传递、制冷管道壁内的热量传递均是热传导。

用一瓷碗和一铝饭盒同时盛满很热的汤，瓷碗可以很顺利地用手端走，而铝饭盒因为很热不能直接用手去端。这是因为物质的材料不同，其导热能力也不同。容易导热的物质称为热的良导体，如银、铜、铝、铁等金属；不容易导热的物体称为绝热材料，如棉、毛、泡沫塑料、软木和空气等。为了表明物质材料导热的能力，引入热导率这一物理量。在稳定的条件下，面积为 1 m²，厚度为 1 m，两侧平面的温度差为 1℃时，在 1h 的时间内，由一侧面传递到另一侧面的热量，称作该种物质的热导率，单位是 W/（m·K），用符号 κ 表示。热导率大表明其热传导能力强。传热量可根据不同工况下的计算公式进行计算。

对于单层平壁导热，其传热量 Q 与平壁材料的热导率、平壁两侧之间的温差、平壁面积和传热时间成正比，与平壁的厚度成反比。如图

2—4 所示。其传热量计算公式如下：

$$Q = \kappa St(T_1 - T_2)/\delta$$

式中　　Q——传热量，J；

　　　　κ——材料的热导率，W/（m·K）；

　　　　S——平壁面积，m^2；

　　　　t——传热时间，s；

　　　　T_1、T_2——平壁两侧表面温度，K；

　　　　δ——平壁厚度，m。

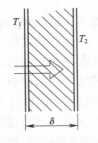

图 2—4　单层平壁导热

在制冷与空调实际应用中，冰箱的箱体、冷库的围护结构常采用导热能力差的物质，如泡沫塑料、岩棉、硅藻土、玻璃纤维等作隔热保温材料，以减少冷量损失。而热交换设备，如蒸发器、冷凝器则采用导热能力强的物质，如铜、铝、钢等，提高传热效率，增加热传导量。

2. 对流

对流是指流体各部分之间发生相对位移时所引起的热量传递。在气体或液体中，由于存在温度差、密度差和压力差，分子的流动产生了热量的传递。对流仅能发生在流体中，而且必然伴随着热现象。流体的热物性和运动情况，固体壁面的形状、大小和放置方式等，对对流换热均有影响。热交换发生在流体与固体表面之间，热传导与对流同时存在，这种情况称为对流换热。对流换热是热对流和热传导两种作用的结果。

对流分为自然对流和强制对流两大类：自然对流是由于流体各部分温度、密度的不同而引起的流动，如冰箱后背冷凝器表面附近的空气受热向上流动。强制对流是依靠风机、水泵或其他强制方法维持的流动，如空调器室外机、室内机对流换热、冷凝器管内冷却水的流动等。

对流换热的换热量 Q 与流体所接触固体壁面的面积成正比，与流体和固体壁面的温度差成正比。对流换热的强弱程度，通常以换热系数 α 表征，α 的单位是 W/（m^2·K）。影响换热系数大小的主要因素有流体的流动速度、流体的性质（质量热容、黏度、导热系数等）、固体壁面的结构形状和尺寸大小等。正是因为影响因素多而复杂，所以至今无法得到对流换热系数 α 的理论解。目前使用的一些有关换热系数 α 的计算公式，都是由理论分析和实验结果综合整理而得出的。

对流换热的换热量由下式计算：

$$Q = \alpha St(T_1 - T_2)$$

式中　Q——换热量，J；

　　　α——换热系数，W/（$m^2 \cdot K$）；

　　　S——流体与固体接触面积，m^2；

　　　t——换热时间，s；

　　　T_1、T_2——流体与固体表面温度，K。

热传导和对流换热的计算式中，都表明换热温差（$T_1 - T_2$）越大，则换热量越大。但这并不说明通过提高冷凝温度，增大与冷却介质的温度差，就可以提高制冷设备的制冷能力。因为提高冷凝温度会给压缩机、制冷系统带来很多不利因素而适得其反，但是保证一定的换热温差是制冷循环所必需的。

3. 热辐射

热辐射是物体由于自身温度或热运动而向外发射热射线的过程，是一种不需要物体直接接触的热传递方式。

一切宏观物体都以热能的形式向外辐射能量，并伴随能量形式的转换，即热能→电磁波→热能。实验证明，在任何温度下，物体都向外发射各种频率的电磁波。在物体向周围发出辐射能的同时，也在吸收其他物体发出的热辐射能，其结果是物体间的能量转移，即辐射换热。辐射能可以在真空中传播，而热传导、对流只有当存在着气体、液体或固体物质时才能进行。

热辐射能量与物体本身的温度、物体的特性有关。物体表面颜色越深、表面粗糙度越大，发射和吸收辐射能越容易。黑体的辐射出射度与物体绝对温度的四次方成正比。冷凝器加工成黑色是为了增强辐射能力，冷库的墙体或换热管道的包扎采用浅色和银白色，目的是减少辐射能的吸收，提高保温效果。

在制冷空调技术中，热传导、对流和辐射这三种热传递方式往往同时进行。对其处理是否恰当，关系到设备的制冷效果。但由于制冷与空调系统中温度低、温差小，计算热负荷时常常忽略辐射换热。

4. 热传递方式的应用

在各类制冷空调设备中，应用热传递的方式可以强化或削弱传热，从而提高制冷空调设备的制冷性能，保障其安全运行。

对于各类热交换设备，提高传热效率，即尽可能提高单位面积的传热量，可以达到使设备结构紧凑、减轻重量、节省材料和减少能耗的目的。从传热方程式可知，提高换热系数、扩大传热面积、增大传热温差都可使传热量增大。例如，制冷与空调设备中的热交换器，为了增大热交换量，都采用换热系数大的材料。在冷凝器中，改进传热面结构以扩大传热面积，使冷热两种流体反向流动来加大传热温差，增大强制对流时流体介质的流速也可提高换热系数增加换热量。在运行与维修中，经常清洁传热面、去除污垢，可有效地降低换热热阻，提高换热效率。

制冷与空调的作用是通过采用人工的方法，在一定时间和一定空间里，将某流体（如空气）或某物体冷却，使其温度低于环境温度，并保持这个预先设定的低温。这时，热传递的三种方式就会对其产生影响。在制冷工程中，不仅要利用各种转换方式以提高制冷效果，而且还要根据各种热传递方式的特征，以降低热传导，从而保持低温，这就需要削弱传热，如冰箱、冷库和空调建筑物的围护结构。为了节能，空调用冷（热）水管、风管等都应注意隔热保温，要选择导热能力弱、换热系数小的保温材料做保温层，在保证安全合理运行的情况下，尽量增大保温层厚度。设备安置的环境应尽量远离热源，靠近冷源，并在辐射换热面加遮热板等。

四、热力学基本定律

1. 热力学第一定律

热力学第一定律，即能量守恒与转换定律，指系统从外界吸收的热量等于系统内能的增加和系统对外做的功之和。它建立起热能和机械功之间相互转换时的平衡关系，是热、功数量计算基础。

热是能量传递的一种形式，热可以在有温度差的两个物体之间传递，使一个物体的温度升高而另一个物体的温度降低，最终达到平衡。同样也可以通过物体做功使物体的温度升高，例如制冷设备的电动机消耗电能转变为机械功，即电动机带动压缩机运转，机械功对制冷剂蒸气进行压缩，使制冷剂压缩成高温高压蒸气，增加热能后又进入冷凝器，在冷凝器中这部分热能又传给空气或冷却水。这样的热量传递过程既体现了能量在转移过程中的形式变化，又表明了功和热之间的等量的本质联系。

历史上，英国人焦耳进行过多种多样的实验，致力于精确测定功与热相互转化的数值关系。实验表明，外界可以通过做功使水的温度发生变化（升温 Δt），也可以通过热传递使水产生同样的温度变化；而且，一定量的功消耗于水时，总是有等量的热产生出来。这就说明功与热的转换只是能量传递的一种形式。

热力学第一定律是能量守恒与转化定律在涉及热现象中的具体应用。它指出自然界一切物质都具有能量，各种形式的能量可在一定条件下相互转化，能量既不能创造，也不能消灭，只能从一种形式转化为另一种形式，或从一个物体转移到另一个物体，而能的总量保持不变。

这个定律把各种物质运动形式的转化规律定量化，并找到了各种物质运动形式相互转化时的公共量度，这个公共量度以机械运动的功作为测量标准。它表示，将一定数量的热能转换为机械能时，必产生一定数量的机械功。反之，一定量的机械功转换为热能时，也必产生数量一定的热能。

当外界做功使物体生热时，功与热之比为定值，称为功热当量（A）。

$$A = 4.18/427 \ (\text{kJ/kgf} \cdot \text{m})$$

当以热做功时，热与功之比为定值，称为热功当量（E）。

$$E = 427/4.18 \ (\text{kgf} \cdot \text{m/kJ})$$

热和功两量之关系的数学表达式为

$$Q = AW$$

式中　Q——热量（由机械功生成的热），kJ；

　　　W——机械功，N·m；

　　　A——功热当量，kJ/（N·m）。

在制冷与空调工程中，利用热力学第一定律可以分析各类热力系统工质的稳定流动过程，建立能量转换方程式。例如对于闭口热力学系统，工质可以同外界发生热量和功的交换，但没有工质的流进流出；工质可以发生状态变化，但其质量恒定不变。而在开口热力学系统中，工质的状态参数和流量不随时间而变化，而且进、出口流量相等；要求系统在单位时间内，同外界交换的热量和功始终保持恒定。

2. 热力学第二定律

热力学第一定律建立了内能、功和热量的相互转化关系，各种形式的能可以自由地相互转化。只要在过程中总的数量守恒，无论是功转换为热，还是热转换为功，都没有给予任何限制。即热力学第一定律并没有指出能量转换的条件和方向。在热传递过程中，热量可以从高温物体自发地传向低温物体，气体可以自由膨胀充满整个容器，但热量却不能自发地从低温物体传向高温物体，气体也不能从充满的容器中自动缩回原处。人们的实践表明，在没有任何外界作用的条件下，任何反方向的过程是不会自动发生的，在热力学系统中，一切实际的宏观热过程都具有方向性，是不可逆过程，这就是热力学第二定律所揭示的基本事实和基本规律。它和第一定律一起构成了热力学的主要理论基础。

热力学第二定律是在有关如何提高热机效率的研究的推动下逐步被发现的。对热力学第二定律有以下两种经典表述。

（1）在自然条件下，"热量由物体自动地转移到另一较高温度的物体而不引起其他变化是不可能的"。这种表述说明热量不能从低温物体自动转移到高温物体。欲使热量从低温物体转移到高温物体，必定要消耗外界的功。

（2）"不可能从单一热源吸收热量，使之完全变为有用的功而不产生其他影响。"这种表述说明，各种形式的能很容易转换为热能，要使热能全部而且连续地转换为功是不可能的，因为热能转换为功时，必定伴随着热量的损失。

热力学第二定律的两种表述都反映了同一客观规律，彼此是等效的。第二种表述说明功变热过程是不可逆的；而第一种表述则指出了热传导过程的不可逆性。它表明了自然界的自发过程具有一定的方向性和不可逆性，而若实现可逆过程，必须具备补充条件，并且在能量转换中其能量的有效利用有一定的限度。

在制冷与空调技术中，制冷机将低温物体（如冷冻室、冷藏室）的热量转移给自然环境（如水或空气），并维持低温环境；热泵则是从自然环境中吸取热量，并将其输送到需要较高温度的环境中去（如暖室），这两种过程都是要消耗机械能，将机械能转化为热能，使热量由低温热源（蒸发器）转移到高温热源（冷凝器）。为了尽可能地降低在转换过程中的能量损失，就必须采取改进制冷循环的方法，在一定条件下提高热效率并使之达到最高值。

第二节　制冷循环及其基本参数

一、制冷循环原理

1. 蒸气压缩式制冷循环原理

制冷设备的制冷过程是由压缩机使制冷系统内的制冷剂发生流动，并在密闭系统的循环中产生状态变化，即吸热及放热的过程。制冷剂是制冷设备完成制冷循环的工作介质。在蒸气压缩式制冷循环中，制冷剂与压缩机、冷凝器、毛细管及蒸发器等部件构成了制冷系统，通过制冷系统及一定的电能消耗使制冷剂在系统内循环流动，周期性地发生从蒸气到液体，再由液体变成蒸气的状态变化。

目前制冷与空调设备大多采用蒸气压缩式制冷方式和吸收式制冷方式，其中前者技术成熟、设备造价低廉，在工程中得到广泛应用。

蒸气压缩式制冷循环是利用压缩机对制冷剂进行压缩，把制冷剂由低压低温蒸气压缩为高压高温蒸气，并驱动制冷剂在一个密闭的系统内循环。单级蒸气压缩式制冷循环是指循环过程只经过一个压缩机即可完成制冷剂气—液—气的转换。从压缩机中排出的制冷剂蒸气在冷凝器中通过冷却介质的冷却而冷凝成高温高压的液体，放出大量的液化潜热。这种液体经过节流装置减压降温变成低压低温的液体，然后进入蒸发器，吸收其周围被冷却物质的热量，蒸发为低压低温的制冷剂气体，接着重新被制冷压缩机吸入，开始下一个制冷循环。即一个制冷循环所经历的四个过程为压缩、冷凝、节流、蒸发，如图 2—5 所示。

2. 制冷系统组成

一个制冷循环过程中，系统中的各部件所起的作用各不相同，各自的工作原理对应着不同的结构类型。

（1）压缩机

压缩机是制冷系统中的一个重要组成部件，它为制冷剂的循环提供动力。人们形象地称制冷剂是制冷系统中的血液，压缩机是制冷系统中的"心脏"。根据工作原理，压缩机分为以下几种形式：往复活塞式、连杆活塞式、曲轴连杆活塞式、曲柄连杆活塞式、电磁振动活塞式、曲柄滑管式、旋转式转子刮板式、离心刮板式、涡旋式。

常用的往复活塞式压缩机的工作原理如图 2—6 所示。

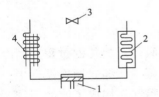

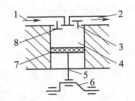

图 2—5　单级蒸气压缩式
制冷循环图

1—压缩机　2—冷凝器
3—节流装置　4—蒸发器

图 2—6　往复活塞式压缩机工作原理
1—吸气口　2—排气口　3—排气阀
4—气缸　5—连杆　6—曲轴
7—活塞　8—吸气阀

活塞式压缩机从吸气口吸进低压低温的制冷剂蒸气，活塞的往复运动对制冷剂气体进行压缩，使低温低压的制冷剂蒸气变成高温高压的过热蒸气，并从压缩机排气口排出。压缩的目的，一方面是使蒸气的压力高于冷凝温度所对应的压力，从而保证制冷剂蒸气能在常温下液化；另一方面是压缩机的吸、排气口的较高压差使得制冷剂得以循环流动，使制冷过程能连续进行。

（2）冷凝器

冷凝器是将制冷剂在制冷系统内吸收的热量传递给周围介质的热

交换器。由压缩机中排出的高压过热蒸气进入冷凝器中，经过散热、冷却，冷凝成液体。

　　冷凝器可按冷却介质分为两类，一类为风冷式，包括强制风冷式和自然对流风冷式；另一类为水冷式。工业与小型制冷空调设备，大多采用水冷式和强制风冷式。家用制冷与空调设备中，电冰箱采用自然对流风冷式，空调器则采用强制风冷式。

（3）节流装置

　　节流装置的作用是节流降压，使从冷凝器来的高压制冷剂液体压力降到与蒸发温度相对应的蒸气压力。在实际应用中，通常采用毛细管或膨胀阀作为节流装置。毛细管细而长，膨胀阀开启度小。制冷剂流过节流装置时流动速度将加快，毛细管或膨胀阀的两端将形成较大的压差，制冷剂流量也将受到控制。由于经过节流装置压力下降，则制冷剂蒸发温度相应下降，同时由于制冷剂流量减小，制冷剂在蒸发器内可以充分吸热蒸发。

（4）蒸发器

　　蒸发器是将蒸发器周围的热量传递给制冷剂的热交换装置。液态制冷剂在蒸发器中吸收周围热量蒸发成为气态制冷剂。制冷剂在蒸发器中沸腾汽化时从被冷却空间介质吸收的热量，称为制冷系统的制冷量。蒸发器通常由一组或几组盘管组成。为了提高传热效果，在盘管上附加翅片。

　　制冷系统制冷量的大小与蒸发器的面积大小、蒸发器内液态制冷剂的多少、制冷剂蒸发温度及周围介质的温差有关。蒸发器面积越大，换热温差越大，制冷量相应增加。同时，制冷系统需要向蒸发器供给适量的制冷剂液体。

3. 其他几种制冷形式

（1）吸收式制冷循环

　　吸收式制冷循环使用两到三种制冷剂和吸收剂组成的溶液，由溶液的正循环和制冷剂的逆循环给予实现。主要由发生器、吸收器、冷凝器、蒸发器、溶液泵及节流器组成。氨水溶液吸收式制冷循环的原理如图2—7所示。

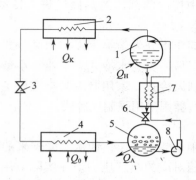

图2—7　氨水溶液吸收式制冷循环

1—发生器　2—冷凝器　3—节流阀Ⅰ　4—蒸发器　5—吸收器
6—节流阀Ⅱ　7—热交换器　8—溶液泵

　　吸收式制冷是以二元溶液作为工质，利用溶液在一定条件下能析出低沸点组分的蒸气，在另一条件下又能强烈地吸收低沸点组分的蒸气这一特性，实现低沸点物质的汽化、吸收、冷凝、再汽化的制冷循环。其中低沸点溶液为制冷剂，高沸点溶液为吸收剂。吸收式制冷中使用的溶液主要有氨水溶液（$NH_3 \cdot H_2O$）和溴化锂水溶液（$LiBr \cdot H_2O$），前者多用于低温制冷系统，后者多用于空调制冷系统。

　　在吸收器中充有氨水稀溶液，用它来吸收从蒸发器流过来的氨气。溶液吸收氨气的过程是放热过程。因此，吸收器必须被冷却。吸收氨以后，氨水溶液就变成浓溶液。溶液泵使浓溶液提高压力，然后通过热交换器进入发生器。在发生器中溶液被加热到制冷剂沸腾。由于氨的沸点低，加热产生的氨气经过精馏后几乎是纯氨气，然后被送入冷凝器中冷凝。冷凝后的氨，经过节流阀Ⅰ，进入蒸发器汽化吸热（制冷）后流回到吸收器。这样，制冷剂氨在完成一个流动循环的过程中，达到了在蒸发器处吸热制冷的目的。

　　在发生器中溶液被加热，由于氨的大量蒸发而变成稀溶液，它再通过热交换器和节流阀Ⅱ返回到吸收器，以便再次吸收氨气。为了保证发生器与吸收器之间的压力差，在它们的连接管道上安装了节流阀Ⅱ。

　　对发生器加热的方法可以采用蒸汽加热，也可以采用燃油、煤或天然气的方法直接加热。

　　吸收式制冷循环也包括高压制冷剂蒸气的冷凝过程、制冷剂液体的节流过程及其在低压下的蒸发过程。这些过程同压缩式制冷循环一样，所不同的是后者依靠压缩机的作用使低压制冷剂蒸气复原为高压蒸气，而在吸收式制冷机中则依靠发生器来完成。

（2）蒸汽喷射式制冷循环

　　蒸汽喷射式制冷循环是以高压水蒸气为工作动力的循环。在循环中，锅炉、凝水器（冷凝器）、喷射器、凝水泵组成热动力循环（正向循环）；喷射器、冷凝器、节流器、蒸发器组成制冷循环（逆向循环）。正向循环与逆向循环通过喷射器、冷凝器互相联系。其基本工作过程如图2—8所示。

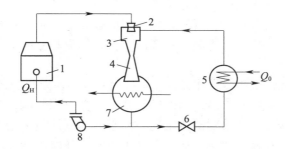

图2—8　蒸汽喷射式制冷循环
1—锅炉　2—喷嘴　3—混合室　4—扩压管　5—蒸发器
6—节流器　7—冷凝器　8—冷凝水泵

　　锅炉提供的高温高压的水蒸气称为工作蒸汽，工作蒸汽被输送至蒸汽喷射器（主喷射器），在喷嘴中绝热膨胀并迅速降压而获得很大的流速（>1 000 m/s）。

　　在蒸发器中由于制取冷量而汽化的水蒸气被引入喷射器的混合室中，与绝热膨胀后的高速蒸汽混合，一同进入扩压管中，混合蒸汽在扩压管中将动能转变为势能而被压缩至相应的冷凝压力，然后进入冷凝器向环境介质放出热量，由冷凝器引出的凝结水分为两路，一路经节流器Ⅰ节流降压到蒸发压力后在蒸发器中汽化吸热，另一路经冷凝水泵送回锅炉继续加热循环。

（3）半导体制冷

半导体制冷是应用半导体材料的珀尔帖效应实现的。珀尔帖效应指在两个不同导体 A、B 组成的回路中，通过直流电 I 时，在回路的一个接点处除产生焦耳热外，还会释放出某种其他热量，而在另一接点处出现吸收热量的现象，如图 2—9 所示。图中 T_L、Q_0 分别是吸热端的温度和热量。T_H、Q_H 分别是放热端的温度和热量。

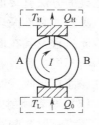

图 2—9　珀尔帖效应

半导体制冷由热电堆、热交换器、壳体、附件和温控系统组成。热电堆的冷端通过热交换器吸收冷却空间和物品的热量，这部分热量就是半导体制冷的制冷量。热电堆产生的热量连同制冷吸收的热量，通过热电偶被传送到热电堆的热端。在热电堆的热端，通过热交换器向冷却水或空气散热，从而将冷却空间或物品的热量转移到周围环境中去。温控系统用来调节制冷系统的工作，使冷却空间和物品保持稳定的温度。

半导体制冷采用半导体元件，不使用制冷剂，因此没有运动部件，也没有磨损、振动和噪声，工作可靠并且不受重力影响，改变电流方向即可从制冷工况转移到制热工况。但半导体制冷效率较低，适宜于要求消除振动和噪声的工作环境、高压或水下环境以及失重和移动的环境。

二、制冷状态及其参数

在整个制冷循环过程中，制冷剂在蒸发器等设备中的状态及状态参数是制冷与空调作业人员应该掌握的基本概念。

1. 蒸发和沸腾

物质从液态变为气态的现象，称为汽化。汽化有两种方式，即蒸发和沸腾。日常生活中，洗过的衣服经过一段时间的晾晒就干了，这是因为衣服表面的水分变成水蒸气跑到空气中的缘故；人出汗后被风扇一吹感觉凉爽，也是由于汗液蒸发时带走了一部分热量。仅在液体表面发生的汽化现象，称为蒸发。各种液体可以在任何温度下蒸发。蒸发过程为吸热过程。蒸发过程的快慢与该液体所处的环境温度、自身蒸发面积以及液面周围空气流动速度、空气的相对湿度等因素有关。

沸腾是一种液体表面和内部同时进行的汽化现象。当在一定压力下，任何一种液体只有达到与该压力相对应的温度时才会沸腾。沸腾时的温度称为沸点。不同的液体沸点也不相同。沸点与压力有关，压力越大，沸点越高；压力越小，沸点越低。

蒸发和沸腾虽然是两个不同的物理现象，但其实质是相同的，即都是部分液体分子吸收足够的热量而获得逸出功，并脱离液体表面进入空气中的过程。

制冷剂在蒸发器内不断吸收周围空气或水的热量，由液态制冷剂汽化为蒸气，常称为蒸发，但实际上是一个沸腾过程。当蒸发器内的压力一定时，制冷剂的汽化温度就是与其对应的沸点，在制冷技术中将蒸发压力所对应的温度称为蒸发温度。液体在沸腾时，虽然继续吸热，但其温度不再升高。例如在标准大气压下，氟利昂制冷剂 R12 在蒸发器内沸腾，其温度一直保持在 −29.8℃。蒸发温度对应的压力称为蒸发压力。

2. 冷凝

冷凝过程也称液化过程，即物质由气态变为液态的现象。气体的冷凝或液化过程一般属于放热过程，是汽化过程的逆过程。如水蒸气遇到较冷的物体会凝结成水滴；气态制冷剂被压缩机压缩到冷凝器后，通过冷凝器壁向其周围空气放出大量的热量变成液态制冷剂，供制冷系统循环使用。

气态制冷剂冷凝液化时的温度称为冷凝温度，此时的压力称为冷凝压力。

制冷系统内制冷剂的蒸发和冷凝都是在饱和状态下进行的。蒸发温度、蒸发压力和冷凝温度、冷凝压力分别是指相应状态下的饱和温度、饱和压力。

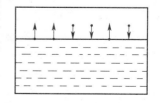

3. 饱和温度和饱和压力

如图 2—10 所示，装在一密闭容器里

图 2—10　饱和状态

的液体被加热汽化时，其液态分子变成气态脱离液面，使密闭容器的蒸气分子密度增大，同时做无规则运动。当蒸气分子浓度增高到一定程度时，汽化逸出的分子数便不再增加，这种状态称为饱和状态。

密闭容器内处于饱和状态的液体称为饱和液体；处于饱和状态的蒸气称为饱和蒸气。

（1）饱和温度

当液体与气体处于共存状态时，气、液彼此相互转换的饱和状态下的饱和蒸气温度和饱和液体温度是相同的，该温度称为饱和温度。

（2）饱和压力

在同一饱和状态下，饱和蒸气的压力和饱和液体的压力是相同的，该压力称为饱和压力。

饱和温度和饱和压力不是一定值，它随着工质吸收或放出热量的多少而发生相应的变化，但是工质的饱和压力和饱和温度是一一对应的，即工质在饱和状态下，有一饱和压力必对应一饱和温度。如水在 1 大气压下的饱和温度为 100℃，水在 100℃时的饱和压力就是 1 大气压；而在高原地区，由于空气压力低于 1 大气压，相应的水不到 100℃就会沸腾汽化，即在此地区空气压力下，水的饱和温度低于 100℃，其饱和压力也比 1 大气压低。同一工质，随着压力的升高，饱和温度也升高，温度升高对应的饱和压力也增大。

液态工质在饱和压力下沸腾汽化时维持不变的温度称为沸点；气态工质在饱和压力下冷凝液化时所维持不变的温度称为液化点。在制冷技术中，沸点即工质在饱和压力下的蒸发温度；液化点即工质在饱和压力下的冷凝温度。蒸发和冷凝都是在饱和温度下进行的，压力越低，饱和温度也越低。在制冷过程中，保持较低的压力，可使制冷剂在低温下进行蒸发而吸收周围介质的热量，从而起到降低环境温度的作用。提高制冷剂的饱和压力，可使其在较高的温度下进行冷凝，从而使较高温度的制冷剂蒸气在冷凝过程中向周围环境放出热量。

4. 单级蒸气压缩制冷循环过程

单级蒸气压缩制冷循环是指用一台制冷压缩机对制冷剂蒸气只进行一次压缩的制冷循环，如图 2—11 所示。图中 p_k、t_k 分别表示制冷剂的冷凝压力、冷凝温度。p_0、t_0 分别表示制冷剂的蒸发压力、蒸发温度。

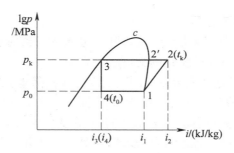

图 2—11　单级蒸气压缩制冷循环

（1）绝热压缩过程

图 2—11 中点 1 表示制冷剂进入压缩机吸气口时的状态，它位于压力为 p_0 的等压线与干度为 1 的蒸气线交点处，制冷剂处于温度为蒸发温度的干饱和蒸气状态。点 2 表示制冷剂从压缩机排出时的状态，也为刚进入冷凝器时的状态。

过程 1—2 为压缩过程。它表示制冷剂蒸气在压缩机中压缩成高压、高温的蒸气，其焓值由 i_1 提高到 i_2，所以点 2 处制冷剂为过热蒸气状态。由于不考虑其他能量损失，所以此压缩过程理论上分析是绝热压缩过程。

（2）等压冷凝过程

点 2′是压力为 p_k 的等压线与干度为 1 的饱和蒸气线的交点。它的温度是冷凝温度 t_k。点 3 表示制冷剂流出冷凝器进入节流阀前的状态，该点处于等压线 p_k 与干度为零的饱和液相线的交点处，其温度为 t_k。

过程 2—2′—3 说明制冷剂压力始终为 p_k，在冷凝器中进行等压冷却，等压冷凝，使制冷剂蒸气不断向外界放出大量的热，逐渐变为液态。其中 2—2′为等压冷却过程，此时制冷剂物态不发生变化，只是温度下降。2′—3 为等压冷凝过程，此时制冷剂物态发生变化，由气态变为液态，而温度不变。随着冷凝过程的进行，制冷剂在饱和区内干度逐渐下降，饱和蒸气逐渐减少，而饱和液体逐渐增加。由于饱和区内饱和压力和饱和温度是一一对应的，因此等压冷凝过程也是等温冷凝过程。

（3）等焓节流过程

点 4 表示制冷剂流出节流装置开始进入蒸发器时的状态。点 4 是过点 3 的等焓线与等压线 p_0 的交点。

过程 3—4 通过节流装置使制冷剂压力从 p_k 降至 p_0，温度由 t_k 降至 t_0，并成为气、液两相状态。由于节流前后理论上焓值不变，所以此过程称为等焓节流过程。另外节流过程中会有少量液态制冷剂汽化，因此节流装置出口（也是蒸发器入口）处点 4 表示的制冷剂状态为含有少量蒸气的液态。

（4）等温蒸发过程

过程 4—1 为制冷剂在蒸发器中的汽化过程，液体制冷剂在蒸发器内不断汽化吸收其周围介质的热量，焓值不断增加，饱和液体逐渐减少，饱和蒸气逐渐增多，直至制冷剂全部蒸发为止，即重新达到干度为 1 的饱和蒸气状态点 1 之后，再次被压缩机吸入而进入下一次制冷循环。

三、制冷剂的蒸气状态参数

1. 制冷剂的压—焓图及状态参数

蒸气压缩式制冷循环中，制冷剂在制冷系统中经历了汽化、压缩、冷凝、节流膨胀等状态变化过程。

（1）湿蒸气和干度

制冷剂在冷凝器或蒸发器的前端同时存在制冷剂的饱和气体和饱和液体，这种饱和液体和饱和气体的混合物称为湿蒸气。

在一定温度下，蒸气达到饱和状态时，只存在饱和蒸气而不存在饱和液体，称为干饱和蒸气，简称为干蒸气。蒸发器的末端和出口处，制冷剂通常处于干饱和蒸气状态。

　　湿蒸气中所存在的蒸气量与湿蒸气总质量的比值称为干度。干度表示湿蒸气中饱和蒸气含量的多少，用符号 x 表示。

$$x = m_v/m_w$$

式中　x——湿蒸气的干度；

　　　　m_v——湿蒸气中的蒸气量，kg；

　　　　m_w——湿蒸气的总质量，kg。

　　由干度定义可以看出：$0 \leqslant x \leqslant 1$。

　　当 $x = 0$ 时，制冷剂为饱和液体状态。

　　当 $0 < x < 1$ 时，制冷剂为湿蒸气状态。

　　当 $x = 1$ 时，制冷剂为干饱和蒸气状态。

　　在制冷系统的蒸发器中，制冷剂的饱和液体吸收热量逐渐汽化为饱和蒸气，干度逐渐增大；与此相反，在冷凝器中制冷剂饱和蒸气放出热量逐渐液化为饱和液体，干度逐渐减小。

　　（2）湿度

　　湿度是表示空气中含水蒸气量多少的物理量，分为绝对湿度和相对湿度两种。

　　绝对湿度是每立方米湿空气中含有的水蒸气量，单位为 kg/m³。但绝对湿度使用起来不方便，因为水分蒸发和凝结时，湿空气中的水蒸气质量是变化的，而且湿空气的体积还随温度而变，因此即使水蒸气质量不变，由于湿空气的体积改变，绝对湿度也将相应地变化，因而不能确切地反映湿空气中水蒸气量的多少。

　　相对湿度是指某一温度时，空气中所含水蒸气质量与同一温度下空气中的饱和水蒸气的质量之比（以百分数表示）。相对湿度越小，蒸发越快，说明空气吸收水汽的能力强。反之，则说明空气吸收水汽的能力弱。

　　（3）过热蒸气

　　处于饱和状态下的制冷剂，在饱和压力不变的条件下，继续使饱和蒸气加热，使其温度高于饱和温度，此时制冷剂蒸气的状态称为过热状态。

　　过热状态时的蒸气称为过热蒸气。在压缩式制冷系统中，为避免压缩机吸入液态制冷剂而造成液击事故，通常要求压缩机吸入稍过热的蒸气，再经压缩机压缩排到冷凝器中。

过热蒸气的温度高于饱和压力所对应的饱和温度，它们的差值称为过热度。例如蒸发器中制冷剂的饱和温度（蒸发温度）为 -20℃时，其蒸发压力为 0.15 MPa，若压缩机吸气温度为 -15℃，则过热度为5℃。

（4）过冷液体

处于饱和状态下的制冷剂，在饱和压力不变的条件下继续冷却，使其温度低于饱和温度，此时制冷剂液体的状态称为过冷状态。过冷状态的液体称为过冷液体。过冷液体的温度低于饱和压力所对应的饱和温度，它们的差值称为过冷度。例如制冷压缩机空调工况规定制冷剂 R22 在冷凝器中冷凝液化时的温度为40℃，过冷温度为35℃，所以过冷度为这两者的差值5℃。

制冷剂液体在进入节流装置前要过冷，目的是在不增加制冷压缩机功耗的前提下，使制冷剂液体的温度低于饱和温度，因而可吸收相对更多的热量，同时可以减少节流过程中产生的闪发气体量，减小节流损失，从而提高单位制冷剂的制冷量，使制冷系统更经济有效地运行。

2. 制冷剂的压—焓图（$\lg p$—h 图）

（1）压—焓图的构成

制冷剂的状态参数如压力（p）、温度（t）、比体积（v）、比焓（h）中的任意两个参数均可构成热力图。以制冷剂绝对压力的对数值 $\lg p$ 为纵坐标，以制冷剂的比焓 h（制冷剂的能量）为横坐标组成的热力图，即为制冷剂的压—焓图，如图 2—12 所示。

图中有一特殊点 C，它表示制冷剂的临界状态，两条黑粗实曲线相交于此点。左边的黑粗实线是干度 $x=0$ 的饱和液线，右边的黑粗实线是干度 $x=1$ 的饱和蒸气线，也称干饱和蒸气线。饱和液线和干饱和蒸气线将整个图面分成三个区域：

Ⅰ区为饱和液线和干饱和蒸气线之间的区域，在此区域内制冷剂气液共存，故称为饱和区或湿蒸气区（$x=0$ 和 $x=1$ 两条黑实线所围成的舌形线之内）。

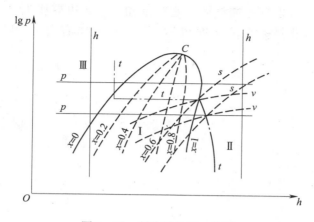

图 2—12　制冷剂的压—焓图

Ⅱ区为干饱和蒸气线右方区域，称为过热蒸气区，制冷剂以蒸气状态存在。

Ⅲ区为饱和液线左方区域，称为不饱和液区或过冷区。

（2）制冷剂压—焓图中各线条所代表的意义

1）等压线 p：等压线是将不同区域压力相等的点连成的直线。在压焓图上它是平行于横坐标的线簇，在饱和区（Ⅰ区）内等压线也是等温线。

2）等温线 t：等温线是将不同区域温度相等的点连成的线（图上为点画线）。等温线在过冷区内为垂直横坐标的线簇；在过热蒸气区内向下稍弯曲接近竖直的弧线簇；在饱和区内为平行横坐标的线簇，等温线也是等压线。等温线在不同区域的线型不同，查图时应注意。

3）等比体积线 v：等比体积线是将不同区域比体积相等的点连成的线，它是向右上方稍弯曲向上的曲线簇。

4）等焓线 h：等焓线是将不同区域焓值相等的点连成的直线，它是平行于纵坐标的线簇。

5）等熵线 s：等熵线是将不同区域熵值相等的点连成的线，它是向右上方弯曲，但比等比体积线陡度大一些的曲线簇。

6）等干度线 x：等干度线是将干度相等的点连成的线，它是自临界点向下方发散的曲线簇。它在饱和区内，边界线为干度是零的饱和液线和干度是 1 的干饱和蒸气线，自左向右由 $x = 0$ 逐渐增至 $x = 1$。

第三章 制冷剂、载冷剂和冷冻机油的性质与安全使用

第一节 制冷剂的性质与安全使用

制冷剂是制冷循环系统中进行能量转换的工作物质。它吸收被冷却物质的热量而蒸发，在循环流动中，将热量传递给周围空气或水，然后凝结为液态。在这种连续循环的流动中，使冷却对象的温度降低，其间只有气—液—气的状态变化，而没有化学变化。尽管如此，由于各种制冷剂的性质和对公共环境的影响存在巨大差异，其安全性能对使用者和公共安全系统至关重要，制冷剂的安全问题应引起制冷设备维修人员的高度重视。

一、制冷剂的种类

用于制冷与空调设备中的制冷剂有多种，其分类方法也很多，如单一制冷剂和混合制冷剂。单一制冷剂是指制冷剂在化学上是单一的、纯净的物质，不包括溶液和其他混合物，有多种，如 R717、R718 等。混合制冷剂指两种或两种以上制冷剂混合而成的制冷剂，分为共沸混合制冷剂和非共沸混合制冷剂，如 R502、R507 等。

1. 按化学成分分类

根据化学成分可将制冷剂分为以下 4 种：

（1）无机化合物制冷剂

这类制冷剂属于单一制冷剂，绝大部分是自然界中存在的物质。除少量仍在使用外，大部分被氟利昂类制冷剂所替代。其中氨和水目前仍是大型制冷装置中的重要制冷剂。

（2）氟利昂类制冷剂

氟利昂类制冷剂是饱和碳氢化合物中全部或部分氢元素被卤族元素代替后衍生物的总称。这也属于单一制冷剂，但有些不是自然界中存在的物质。

氟利昂制冷剂种类繁多，其构成也较复杂。有被禁用的种类，如R11、R12；有将被限用的种类，如R22；还有可以作为长期过渡制冷剂的种类，如R134a等。

（3）碳氢化合物制冷剂

这类制冷剂主要有甲烷（CH_4）、乙烷（C_2H_6）、乙烯（C_2H_4）、丙烯（C_3H_6）等，主要用于石油化工部门制取低温，特点是源广价廉，但易燃、易爆。

（4）共沸溶液制冷剂

这种制冷剂是用两种或两种以上的制冷剂按一定的比例混合制成的。共沸溶液有一共沸点。这一沸点低于其任一组成制冷剂，使共沸溶液制冷剂的单位容积制冷量大于其任一组分。此外，由于它集合了各组成制冷剂的优点，性质通常优于单一制冷剂，如R507。

2. 按冷凝压力和蒸发温度分类

根据常温下冷凝压力（p_k）的大小和标准大气压下蒸发温度（t_0）的高低，制冷剂又可分为低压高温制冷剂、中压中温制冷剂和高压低温制冷剂，见表3—1。

表3—1　　　　　　　　　制冷剂按 p_k、t_0 分类表

类别	低压高温制冷剂	中压中温制冷剂	高压低温制冷剂
p_k/MPa	≤0.3	≤2	>2
t_0/℃	>0	−70～0	< −70
制冷剂	R11、R121、R113、R114	R717、R12、R22、R502	R13、R14、R23、R503
制冷设备	离心式制冷机	电冰箱、空调器	复叠式制冷设备

由于制冷剂中的卤代烃类物质对臭氧层的破坏作用和温室效应的不同，环保和科研机构对这类物质的制冷剂提出了新的分类方法。

（1）CFC

CFC 表示全卤化氯（溴）氟化烃类物质。它的氢全部被氟和氯置换，如 R11、R12 等。CFC 类物质虽然在大气对流层中不易分解，但它可以穿过对流层上升到平流层，进而导致臭氧层的大面积破坏。由于它的化学性质稳定，大气寿命长，已经排放到大气层中的 CFC 类物质对环境造成的破坏，可能要数百年才能消除。为此，许多国家先后签署了旨在保持臭氧层，逐渐淘汰 CFC 类物质生产和消费的《维也纳公约》和《蒙特利尔协议书》。

（2）HCFC

HCFC 表示有部分卤化氢的氯氟化烃类物质。它们分子中可同时含氢、氯、氟原子。它对臭氧层的破坏能力相对较低，由于含氢，化学性质不如 CFC 类物质稳定，在大气中存在的寿命也相对较短。虽然相对 CFC 类物质而言，HCFC 类物质对臭氧层的破坏和温室效应较弱，但长期排放仍会对大气环境造成严重影响。在《蒙特利尔协议书》中，HCFC 类物质也被列入限期禁用的物质，如 R22 等。此后的一系列国际会议和公约，将 HCFC 类物质的禁用时间设置了逐年递减的指标，规定到 2040 年 100% 完全禁止使用。因此，目前这类物质只是作为短期过渡制冷剂使用。

（3）HFC

HFC 表示有部分卤化氢的氟化烃类物质。这类物质由于不含氯和溴，对臭氧层不产生破坏作用，温室效应也较弱。且由于含氢，大气寿命较短，可以作为长期使用的制冷剂。

二、常用制冷剂的性质

1. 氨（NH_3，R717）

氨是早期就开始使用的制冷剂。它制造容易，价格低廉，便于购买，目前仍广泛应用于蒸发温度高于 $-65℃$ 的大型、中型活塞式、螺杆式制冷压缩机中。

氨的正常蒸发温度为 $-33.4℃$，使用范围是 $-70\sim5℃$。氨有较好的热力性质和物理性质。当冷却水温度高达30℃时，冷凝器中的工作压力一般不超过1.5 MPa，压力比较适中。

氨能以任何比例与水相互溶解，在低温时水不会从氨水溶液中析出结冰，所以不会在调节阀中形成"冰塞"。氨制冷系统可以不必设置干燥过滤器。但存在水时会使蒸发温度有所提高，对铜和铜合金有腐蚀作用，同时会使制冷量减小，所以氨中水的质量分数不得超过2%。

氨与矿物润滑油几乎不能相溶，进入氨制冷装置的管路及换热器表面会形成油膜，影响传热效果。氨液的密度比润滑油小，在系统中润滑油会沉积在蒸发器和储液筒的底部，需定期排出。

氨无色有毒，具有强烈的刺激性臭味，当空气中氨的体积分数达0.5% ~ 0.6%时，人在其中0.5h即会中毒。氨液或高浓度的氨蒸气进入眼睛或接触皮肤会引起肿胀甚至冻伤，并伴有化学灼伤。另外，氨具有可燃性，与空气混合后易爆炸。

2. R22

R22是含有氢原子的甲烷衍生物，是无色、无味、透明、无毒的中温中压制冷剂。主要用于活塞式和小型回转式制冷压缩机系统。

R22在1大气压下蒸发温度为-40.8℃，凝固温度为-160℃，其工作范围为-50 ~ 10℃。

R22化学稳定性好，不燃烧、不爆炸，是一种使用安全的制冷剂，但当焊接管路中残存R22时，若温度高达400℃以上且与明火接触，会在高温作用下分解出对人体有毒的气体。

R22对天然橡胶和塑料有溶胀作用，密封材料可采用氯乙醇橡胶或丁腈橡胶。R22封闭式压缩机电动机绕组应该使用E级或F级绝缘漆包线。

R22可以部分溶解润滑油，而且其溶解度随着润滑油的种类和温度的变化而变化。在制冷系统的高压侧，液态的润滑油与液态的制冷剂互溶，对传热影响不大；在低压侧，由于R22不断汽化，润滑油仍是液态，润滑油体积分数越来越大，并且附着在蒸发器器壁上，对传热效果有一定的影响，因此，一般R22蒸发器采用蛇形管式，从上部供液、下部回气，这样有利于润滑油与制冷剂蒸气顺利返回压缩机。

R22 不易溶于水，而且温度越低，溶水性越差。R22 一般对金属没有腐蚀作用，但含水时，制冷系统中的水分会产生酸性物质，对金属零件和管道会产生一定的腐蚀作用。同时，制冷系统中制冷剂的温度低于 0℃时，水会结成冰，使制冷剂流通不畅。因此，要求在制冷系统内设干燥过滤器。系统中的水的质量分数应限制在 0.002 5% 以内。充注 R22 前，应对系统进行严格的干燥处理。

3. R134a

R134a 是不含氯原子的 HCFC 类物质，对臭氧层无破坏作用，温室效应也较弱，是目前 R12 制冷剂的替代品之一。

R134a 的标准蒸发温度为 −26.19℃，主要热力性质与 R12 相似，其中汽化潜热大于 R22，不燃烧、不爆炸，基本上无毒性，在汽车空调上应用很成功。

R134a 与 R12 相比，同温度下饱和压力较高。在 18℃时，R134a 和 R12 的饱和蒸气压力大致相等；在 18℃以下时，R134a 的饱和蒸气压力比 R12 低；在 18℃以上时，R134a 的饱和蒸气压力要比 R12 高。

R134a 的分子比 R12 小，渗透性更强，要求制冷系统保持干燥和密封。R12 系统所用的干燥剂已不适用于 R134a。另外，R134a 的腐蚀性强，对冰箱电动机绕组的耐氟性能要求更高；对一般 R12 所使用的丁腈橡胶也有腐蚀作用，需改用氢化丁腈橡胶替代。

R134a 与原 R12 系统使用的矿物润滑油不相溶，并且具有很强的水解性能，不能满足压缩机的润滑要求。目前多采用新型合成油和酯类油来与之相匹配。维修中更换工质时须冲洗系统，以确保矿物油的残存量低于 1%。

R134a 的单位体积制冷量比 R12 大 8% 左右，同制冷量的电冰箱须加大压缩机容量。另外，由于 R134a 制冷系数略低于 R12，如果更换工质，将引起系统的能耗增加。

4. R502

R502 是一种共沸混合溶液制冷剂，由 48.8% 的 R22 和 51.2% 的 R115 混合而成。R502 的标准蒸发温度为 −45.6℃。可以制取 −55 ~ −18℃的低温。

R502 不燃烧、不爆炸，没有腐蚀性。在相同温度条件下，R502 的单位体积制冷量比 R22 和 R115 都大，并兼有 R12 和 R22 两者的优点。

R502 的汽化潜热大，气体密度大，制冷剂循环量大，在较低的蒸发温度范围内可获得较高的制冷系数。

采用 R502 为制冷剂的压缩机排气温度低，甚至比 R12 的排气温度还低，所以采用 R502 增加压缩机制冷量时，功耗增加不多。另外，R502 在润滑油中的溶解度小，电气绝缘性能与 R22 相似。

5. R600a

由于曾被称为"安全制冷剂"的 CFC 和 HCFC 将被完全停止使用，所以人工合成制冷剂的地位被动摇。因此，采用生态系统已经接受的天然物质作为制冷剂，成为从根本上解决 CFC、HCFC 类物质替代品问题的有效途径。R600a 作为天然制冷剂的最大优点，在于它对臭氧层没有破坏作用，且不产生温室效应。R600a 可用于蒸发温度 $-25 \sim -5℃$ 的制冷系统。它的饱和蒸气压力低，基本特性近似于 R12。常用在单级压缩制冷系统，但 R600a 具有易燃、易爆的缺点，并且蒸发压力常低于大气压力，对系统的密封性要求较高。

三、制冷剂的危险性

目前使用的制冷剂几乎都属于化学制品，在常温常压下呈气体状态，灌装在压缩气体钢瓶中。在使用和改换制冷剂操作中，既要考虑制冷装置的工作性能和经济技术指标，又要特别注意安全问题，防止发生造成人身和财产损失的事故。

1. 制冷剂的毒性

制冷剂的毒性等级定为 6 级，1 级的毒性最大，6 级最小。每一级中又分为 a、b 两级。a 级的毒性大于 b 级。常用制冷剂中氨（NH_3）的毒性等级为 2 级。氨在空气中的体积分数达 0.5% ~0.6% 时，人就会中毒；体积分数超过 4% 时，人的黏膜就会引起灼伤。因此，当人处于较高浓度氨气氛围时，五官等处需加以防护。身体的任何部位如直接接触了氨液或高浓度的氨蒸气，需立即用大量清水冲洗。目前规定氨在空气中的质量浓度不应超过 20 mg/m³。

R22 的毒性等级为 5 级。它在一般情况下是安全的，但当这种制冷剂气体在空气中的体积分数超过 20%，且停留时间超过 120 min 时，会对人体有一定的危害。使用 R22 制冷剂要注意环境的通风。

2. 制冷剂的燃烧性和爆炸性

制冷剂的燃烧性分为 3 级，1 级为无火焰传播，2 级为低燃烧性，3 级为高燃烧性。制冷剂的燃爆性是一个重要的安全性指标，它与爆炸极限、最高爆炸压力和达到最高压力所需时间有关。氨的燃点为 1 170℃，但自燃温度为 630℃。当氨蒸气在空气中的体积分数达到 16% ~ 25% 或质量浓度达到 110 ~ 192 g/m³ 时，就有发生燃爆的可能。此外，当空气中氨的体积分数达到 11% 以上时可以燃烧。如果系统中氨所分解出的游离氢积累到一定浓度，遇空气就会引起强烈爆炸。

R22 具有不燃烧、不爆炸的特性，基本上属于安全制冷剂。

R30（二氯甲烷）与铝接触会分解生成易燃气体，随后会发生剧烈爆炸。所以，R30 系统中严禁使用铝材料制作机件或系统管道。

R170、R290 等其他烷烃类制冷剂多作为石油化工行业制冷装置的制冷剂。它们有易燃易爆的特点。使用中应保持系统压力高于大气压力，以防止空气渗入引起爆炸。

常用混合制冷剂，如 R404a、R410a、R507a、R502 等，都具有不燃烧、不爆炸的特点。它们被广泛使用在低温冷柜、冷库、速冻机、空调器等制冷设备中。

除了制冷剂性质本身所带来的可燃性和易爆性之外，制冷装置的操作失误和制冷剂的使用方法不当，也会引起制冷剂的燃烧或爆炸。例如，氨从制冷系统泄漏出来与空气混合后，达到一定浓度遇明火即可能发生燃烧或爆炸。另外，制冷剂是在密闭的制冷系统装置内循环流动，以气—液状态变化来传递热量的。如果制冷剂液体或气体在刚性密闭的容器中受热，它将难以膨胀，压力势必升高。容器中如果没有安全阀之类的自动减压装置，或调节失误，则会使容器内制冷剂的压力随温度的上升而急剧增大。在大多数常用制冷剂的设备中，满液后容器内液体温度上升 1℃，其压力可上升 1.478 MPa，如上升 10℃，则压力将升高 15 MPa。如此巨大的压力远远超过了一般容器的耐压承受力，所以将发生爆炸。在氨制冷系统和氟利昂制冷系统中，都发生过此类爆炸事故。所以，制冷与空调作业的安全操作非常重要，必须引起高度重视。

四、制冷剂的安全使用

制冷剂大多为化学制品，在充注入制冷系统之前，以压缩气（液）体的形式密闭储存在高压钢瓶中，在充注入制冷系统之后，也是在一个密闭的制冷装置内循环流动，并发生气液相变，以完成传递热量的功能。所以，制冷剂的安全储存和运输，以及制冷剂充注和制冷设备的安全操作，是制冷与空调作业人员必须掌握的基本技能。

1. 制冷剂的储存与运输

制冷剂钢瓶是储存和运输制冷剂的专用容器，必须符合《气瓶安全监察规程》等国家有关法规和技术标准的规定，定期进行耐压试验。不符合规定的钢瓶不得用作制冷剂容器。

制冷剂钢瓶的容积有多种规格。钢瓶表面应标明制冷剂的种类和容积，以及盛装重量。不同的制冷剂应使用不同标识的钢瓶盛装，不可混用。不得任意涂改制冷剂钢瓶本身的颜色和代号标识。

钢瓶中制冷剂的存储量要根据钢瓶容积的大小来决定，不可超过规定限额。一般充装量以钢瓶容积的 2/3 为宜，以避免遇热膨胀压力增大而爆裂。

制冷剂钢瓶在存储时应卧放，并使它们的头部朝向一方。要旋紧瓶帽，放置整齐，妥善固定。立放的钢瓶要加装固定装置，防止倾倒。禁止将有制冷剂的钢瓶存储在机器设备间。专门存储制冷剂钢瓶的仓库要有自然通风或机械通风装置，并远离热源和避免阳光暴晒。氨制冷剂钢瓶不准与氧气瓶、氢气瓶同室储存，以免发生燃烧、爆炸事故。仓库内应设有抢救和灭火器材。

制冷剂在运输时应设置遮阳设施，防止暴晒。避免剧烈颠簸、振动和撞击，车上禁止烟火，并应配备防氨泄漏的工具，严禁与氧气、氢气瓶等易燃易爆物品同车运输。制冷剂钢瓶不允许用电磁起重车搬运。

2. 制冷剂的使用安全

（1）开、关制冷剂钢瓶阀口，应使用专用的扳手或其他适当尺寸的扳手，并站在阀的侧面缓慢开启。使用时应避免碰撞，使用后要关严以免泄漏。瓶阀冻结时，应把钢瓶移到温度较高的地方，禁止使用明火对制冷剂钢瓶进行加热。确需升压灌注时，可用 40～50℃ 的热布贴敷解冻。

（2）在分装制冷剂时，不可使钢瓶承受超过耐压限值的压力。瓶中气体不得用尽，必须留有剩余压力。要定期检查分装、充注软管和设备，必要时应予更换。

（3）维修制冷系统时，应根据情况处理制冷剂的排放或存储。如需焊接操作，必须放空操作设施内的制冷剂。有制冷剂污染的房间，应开窗通风并禁止明火操作。

（4）使用氨制冷剂的制冷装置必须定期进行放空气操作。使用可燃易爆制冷剂的工作场所，应按规定配置紧急排风装置。

（5）随时观察制冷设备的运行情况，并做好运行记录，防止因设备超压、超温引起制冷剂的温度上升和压力增大，发生爆炸事故。制冷设备运行间应避免设高温与加热装置。

（6）液体制冷剂与人体接触时会造成冻伤，氨等引起的冻伤通常伴有化学烧伤。所以，与液体制冷剂接触时，应戴橡胶手套，避免液体制冷剂接触皮肤或眼睛。

（7）制冷剂浓度大的地方会使人缺氧，造成呼吸困难，严重时会使人发生窒息。制冷机房、维修工作场所要具备通风设施，发现制冷剂泄漏，或感觉有较强刺激性气味时，应立即启动紧急排风装置并将人员撤至上风处，并在随后时间查找漏源排除泄漏。

第二节　载冷剂的性质与安全使用

载冷剂又称冷媒，是制冷系统中用来传递冷量的物质。在间接制冷系统中，载冷剂作为一种中间介质，把制冷装置产生的冷量传递给被冷却或被冻结的物质，吸收其热量后，载冷剂又被制冷装置中循环流动的制冷剂冷却，如此循环往复，起着媒介的作用。

一、载冷剂的种类

用作载冷剂的物质有几十种，一般热容量都较大，容易使被冷却物质或空间的温度获得相对稳定。在制冷与空调装置中，根据不同的载冷温度和载冷剂的凝固点，载冷剂主要有以下几种：

1. 空气

空气的凝固点低，腐蚀性小，但是比热容小，对流换热系数小，只在采用空间直接冷却时使用。

2. 水

水是非常好的载冷剂，水的比热容大，对流换热系数大，传热性能好，对金属等供冷设备的腐蚀性小，但水的凝固点温度为0℃，所以只能作为空调系统中0℃以上的冷却水使用。

3. 盐水

常用的盐水是由氯化钙（$CaCl_2$）和氯化钠（$NaCl$）配制成的盐水溶液。盐水中盐的含量对盐水的性质起决定作用，但与水比较，盐水的比热容较小，密度较大，传热性质较好，凝固点可根据盐的含量加以设定。适于在中低温制冷装置中使用，如肉类和鱼类的冷冻等。

由于盐水的凝固点与盐水溶液中盐的含量有关，所以可根据制冷系统的工作温度和冷却用途选择盐水的浓度。图3—1和图3—2分别为氯化钠盐水和氯化钙盐水的温度—质量分数图。图中左边曲线为析冰线，右边曲线为析盐线，两线的交点为冰盐共晶点。由析冰线可知，起始析冰温度随含盐量的增加而降低，直至冰盐共晶点为止。当质量分数低于共晶点时，先析出冰。质量分数超过共晶点时，从盐水中析出结晶盐，而且析盐温度随质量分数的增加而升高。另外，为了保证蒸发器中的盐水不产生冻结现象，选择的质量分数不宜太高，且使盐水的凝固点低于制冷剂蒸发温度6~8℃。

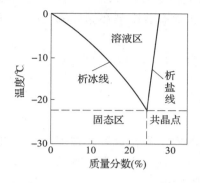
图3—1　氯化钠（NaCl）盐水溶液

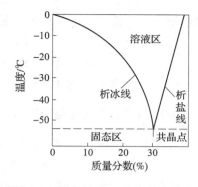
图3—2　氯化钙（CaCl$_2$）盐水溶液

二、载冷剂的性质

载冷剂可以是气体，如有的空调系统或冷库就是以空气作为载冷剂的；也可以是液体，如在制冰、冷冻、空调等制冷装置中，就是以盐水或水作载冷剂。载冷剂先在制冷剂蒸发器处被冷却，获得冷量，然后被泵送到需要冷量的物体或空间，吸收被冷却物体的热量之后，又回到蒸发器处继续被冷却。正是因为载冷剂的媒介作用，使得制冷剂能够在一个较小的制冷系统内循环，从而减小了制冷管道的容积，节省了制冷剂，制冷设备也更集中，体积更小，更加便于安全运行和管理。

由于载冷剂载运冷量的作用，在制冷装置的布置上，可以使被冷却空间远离冷源，这在使用有毒制冷剂（如氨）的系统中尤为重要。它可以使被冷却的物质如食品避免与氨的接触，从而保证了安全和卫生。另外，载冷剂也为冷量的控制和分配提供了方便，如大容量、集中供冷的装置都采用载冷剂输送冷量。

用作载冷剂的物质一般应满足以下要求：

（1）比热容要大，密度要小，黏度要低，传热性要好，以减小循环流量和流动阻力，提高传热效率。

（2）化学稳定性要好，在大气条件下不分解，不氧化，不改变其物理性质，无腐蚀性，不易积垢。

（3）沸点高，凝固温度低，要低于制冷剂蒸发压力，在使用范围内以液态形式流动或以气态形式传输，液态载冷剂在循环流动中不汽化，不凝固。

（4）对人体无毒，不污染或腐蚀食品，不燃烧，不爆炸。

（5）价格便宜，便于获得。

三、载冷剂的安全使用与防护

使用载冷剂应严格遵守制冷设备的安全操作规程，在配制载冷剂时首先要做好防护措施。在使用水作载冷剂时应经常检查水质的清洁度，定期更换冷却水，做好蒸发器的除垢操作。

盐水同空气接触会吸收其中的水分和氧气，导致盐水质量分数下降，凝固温度上升，对金属材料腐蚀变得严重。所以，选择把盐水系统做成封闭系统，可减少空气与盐水的接触。在开放盐水系统，则应经常测定盐水质量分数，并在盐水中加入一定量的缓蚀剂以减小腐蚀性，一般在 1 m³ 氯化钠盐水中应加入缓蚀剂重铬酸钠 3.2 kg 和 0.9 kg 的氢氧化钠，使溶液 pH 值在 7 ~ 8.5，即呈弱碱性。在使用重铬酸钠时要注意安全，注意其对人体的毒性和对皮肤的伤害。

低温制冷系统中使用的载冷剂温度很低，使用中应采取防护措施，避免冻伤。有机载冷剂如甲醇、乙醇易燃烧，所以在使用场地应设置消防器具，并设置通风换气装置。

第三节 冷冻机油的性质与安全使用

一、冷冻机油的种类

冷冻机油主要应用于制冷压缩机内部各个运动部件之间的润滑，并随着制冷剂一起参与制冷循环。因为制冷压缩机的种类不同，制冷剂也具有不同的特性，所以冷冻机油也具有不同的种类。对于不同的制冷系统和制冷设备，应选用与之相匹配的润滑油，以保证制冷装置与制冷循环安全、经济、有效地运行。

按照冷冻机油国家标准，根据冷冻机油的组成特性、应用制冷剂的性质类型和制冷循环的蒸发温度，把冷冻机油分为 DRA、DRB、DRD、DRE、DRG 五种类型，其中 DRA 和 DRB 可以应用在氨作为制冷剂的制冷系统中。表3—2 为冷冻机油的分类及其应用。

表3—2　　　　　　　　　冷冻机油分类及其应用

分组字母	主要应用	制冷剂	润滑剂分组	润滑剂类型	代号	典型应用	备注
D	制冷压缩机	NH₃（氨）	不相溶	深度精制的矿油（环烷基或石蜡基）合成烃（烷基苯、聚α烯烃等）	DRA	工业用和商业用制冷	开启式或半封闭式压缩机的满液式蒸发器
			相溶	聚（亚烷基）二醇	DRB	工业用和商业用制冷	开启式压缩机或工厂厂房装置用的直膨式蒸发器
		HFC（氢氟烃类）	相溶	聚酯油，聚乙烯醚，聚（亚烷基）二醇	DRD	车用空调，家用制冷，民用和商用空调，热泵，商业制冷（包括运输制冷）	—
		HCFC（氢氯氟烃类）	相溶	深度精制的矿油（环烷基或石蜡基），烷基苯，聚酯油，聚乙烯醚	DRE	车用空调，民用和商用空调，热泵，商业制冷（包括运输制冷）	—

分组字母	主要应用	制冷剂	润滑剂分组	润滑剂类型	代号	典型应用	备注
D	制冷压缩机	HC（烃类）	相溶	深度精制的矿油（环烷基或石蜡基），聚（亚烷基）二醇，合成烃（烷基苯、聚 α 烯烃等）聚酯油，聚乙烯醚	DRG	工业制冷，家用制冷，民用和商用制冷，热泵	工厂厂房用的低负载制冷装置

二、冷冻机油的性质

冷冻机油应有以下基本特性：

（1）凝固点要低，低温流动性要好。一般要求凝固点应比制冷剂蒸发温度低 5~10℃。对使用 R717 制冷剂的压缩机冷冻机油的凝固点应低于 -30 ~ -40℃，对 R22 压缩机则应低于 -50℃。

（2）要有良好的化学稳定性和绝缘性能，与制冷剂不发生化学反应，对金属及电动机绝缘材料不产生腐蚀作用。正常使用时，全封闭压缩机工作 5~15 年应能不换冷冻机油。

（3）热稳定性能要好，低温工作时，冷冻机油性能基本不变；高温工作时不碳化，抗氧化性能强，挥发性差。

（4）黏度要适中。黏度过高会使冷冻机油的流动性能下降，冷却效果变差，使功耗增加。黏度过低则摩擦面不易形成正常的油膜，会加速机件磨损，并使机械的密封性能降低。在制冷压缩机中应使用黏度随温度变化小的冷冻机油。

三、冷冻机油的安全使用与要求

（1）冷冻机油的储运过程中要严格防止水分混入，以免乳化。存放场所应保持阴凉干燥。

（2）制冷压缩机的排气温度不应过高，以免冷冻机油变质，使机件损坏。

（3）应使用制冷压缩机规定的冷冻机油，不能与其他油混用，更换冷冻机油要使用原牌号种类的冷冻机油。使用过的冷冻机油，应再生后并经化验合格方可使用。

（4）经常检查油分离器，定期排放储存在蒸发器或储液桶底部的冷冻机油，以保障制冷设备的安全运行。

（5）在高转速、中大型制冷压缩机中，油温低于30℃时不能启动压缩机，以防油中溶解氟利昂制冷剂汽化，使油泵不能正常工作。

（6）常年运行的制冷剂应每年换油一次。

第四章 制冷与空调设备安装修理作业安全技术

第一节 制冷与空调设备安装修理作业人员的职业特殊性与危险性

一、作业特点

1. 制冷与空调作业的特点

制冷与空调安装修理作业不但要进行设备的安装，而且还要为制冷空调生产服务，参与系统开停车和试车运行，以及日常维修和安装检修。其作业与环境条件相对比较复杂，为完成某些特种作业还必须进入大型制冷装置和设备内部，有时又必须在装置、设备或系统进行抢修的特殊状态下工作，所以存在诸多危险与有害因素。

(1) 制冷与空调作业环境

制冷与空调作业安装修理通用类别工种一般包括安装与维修钳工、管工、焊工、仪表工等，对于大型装置和设备的安装维修，还应有起重工的参与配合。按施工现场和作业环境，安装检修人员可能在露天或室内作业，其工作对象可能是在建或新建的制冷与空调系统，也可能是正在运行的制冷装置，或是已经停车正等待进行检修或计划检修的装置和设备。因此，安装维修作业人员工作现场遇到的情况会是复杂和多变的，还可能存在各种不安全的因素。

(2) 安装维修的作业范围

1) 新装置的安装及试运行。新的制冷与空调设备的安装涉及就位、找正、找平、紧固，零部件拆卸、清洗、装配、调试，单机及系统的试运行等。

2）运行装置的不停车检修。制冷与空调设备的不停车检修，包括机器设备小修的部分内容和日常维修，如润滑油的添加、仪表和安全装置的调试或更新、填料函的压紧和跑冒滴漏的消除等。在装置不停车的情况下，还可对备用机组进行计划检修（小修、中修或大修）。

3）运行装置的停车检修。根据检修的原因及性质不同，停车检修可分为故障检修和计划检修两大类。

4）零部件的修复或更换。这是机器设备大修的重要内容。由于检修技术复杂，检修工作量大，为保证检修质量，往往需要在专门的机加工车间完成。

（3）参与作业过程的物质及特性

安装维修作业人员所从事的基本上是物理变化的作业过程，即只是改变机器和工件的外形及尺寸，而不改变制成工件的物质结构、组成和形态，但对于制冷空调系统和安装维修的作业过程，涉及工质和多种辅助物料。主要包括氨、氮气、汽油、盐酸等。它们大多是具有易燃、易爆、毒害和强腐蚀性的危险化学品，是生产作业过程中导致事故发生的重要因素。

2. 安装维修作业中的危险有害物质

安装维修作业中使用、接触及存在于制冷装置系统与周围环境中的危险有害物质有制冷空调系统工作介质，以及设备安装检修材料与辅助物料。

（1）制冷与空调系统工作介质

制冷与空调系统的工作介质有制冷剂、载冷剂和润滑油。

（2）制冷系统吹除、气密性试验与置换用的工具

吹除、气密性试验与置换工作在制冷系统开停车时进行。新系统采用压缩空气或氮气作为工作介质，对于已投入运行的制冷装置，系统吹除、气密性试验和置换，为安全起见，多采用氮气。

1）压缩空气。压缩空气为不燃气体，无毒。空气可以维持人和动物的生命。空气中的氧气含量降低到15%（体积分数）以下时，会导致呼吸困难，使中枢神经发生障碍，重者还会出现生命危险。空气一旦被压缩，便积聚内能。压力越高，积聚的内能越大。若容纳压缩空气的系统或装置因破裂、失控而导致无序释放，就会危及人身安全及破坏装置和设备。

2）氮气。氮气钢瓶在日光下暴晒或搬运时振动，易使钢瓶中的氮气膨胀。如果钢瓶铜阀门被摔坏，容易引起爆裂。氮气本身无毒，但能在密封空间内置换空气。当氮气在空气中的分压升高，而氧分压降低至 13.3 kPa 以下时，则可引起窒息，严重时可出现呼吸困难，如不及时处置，则可引起意识丧失甚至死亡。压缩氮气充装在耐高压的钢瓶或高压储罐内进行储存和运输。一般应储存于阴凉、通风良好的库房内，最好专库专储，远离热源、火源。钢瓶装的氮气平时用肥皂水检漏。搬运时要戴好钢瓶的安全帽及防振橡皮圈，避免滚动和撞击，防止容器破损。处理氮气泄漏必须穿戴氧气防毒面具和防护服。关闭泄漏的钢瓶阀门，用雾状水保护关闭阀门人员。并进行通风，将氮气排放至大气中。

3）安装检修中的辅助物料。设备安装检修时的辅助物料主要有油脂类、清洗剂和腐蚀剂。如汽油、煤油、工业盐酸、氢氧化钠等。在使用中应注意其毒性对人体的伤害，作业中应保持环境通风。使用氧气、乙炔气、液化石油气进行焊接作业更应有适当的防火防爆措施。

二、常见的作业危险

1. 常见的危险

（1）制冷过程的火灾危险性

以氨为制冷剂的制冷压缩设备及系统，其氨压缩机、冷凝器、储液器、蒸发器及附属管道等所在区域及厂房，生产作业过程中具有乙类火灾危险性。安装检修人员经常在厂房内活动，从事设备的日常维护和大、中、小各类检修。有时因工作需要，还可能把乙炔和氧气钢瓶置于其中，从而使火灾危险性又有所提高。因此，为了操作检修人员和设备的安全，对厂房的耐火等级、防火间距、设备分区、平面及立面布置、消防与疏散通道等均应进行合理的选择和考虑。

（2）工艺危险性

制冷与空调作业只存在物理变化过程，无化学反应发生，工艺危险一般是指作业操作的工艺危险性。

1）冷却。以氨或氟利昂等为工质的制冷系统须用循环水作为介质将被压缩的气相制冷剂不断进行冷却和冷凝，才能保证制冷系统的正常运行。不论是正常操作还是开机调试，制冷系统的冷却介质是不能中断的，否则会造成积热，引起爆炸。系统启动时，应先通冷却介质；停机时，应先停冷媒或机器，后停冷却系统。

2）加压。操作压力超过大气压时属于加压操作。制冷系统作业过程中须对工质（氨或氟利昂等）加压至常温下可以冷凝的压力。加压后的工质积蓄了大量内能，因此运行中不允许泄漏，否则在压力下以高速喷出，产生静电，极易发生燃烧爆炸。制冷系统的压缩机、冷凝器、蒸发器以及管路，应注意耐压等级和气密性，防止易燃有毒制冷剂的向外泄漏，也要避免压缩机吸气管道因负压过大漏入空气而引发爆炸。

（3）设备危险性

1）压力容器和气瓶的危险性。存有氨与氟利昂等制冷剂的换热器、冷凝器、储液器等是制冷系统的压力容器，氧气瓶、乙炔气瓶和氨瓶等均具有高压或较高压力。当它们在设计、制造、使用、检修中存在问题或违章操作，或超压运行与超重灌装时，就有可能发生爆炸。

2）起重设备危险性。为检修方便，大型制冷装置的厂房内一般装有电动机或手动起重设备，安装检修中小型制冷设备也经常使用简易的起重机械。起重设备若本身有缺陷，使用不当，或指挥操作有误，就会发生挤压、坠落、物体打击和触电等事故。

3）超高及高处设备危险性。高度在 2 m 以上或安装在地面 2 m 以上的设备，属于超高和高处安装设备。在对这些设备进行安装检修时，操作和检修人员需要在离地面 2 m 以上登高作业。一般规定离地面 2 m 以上即为高处作业。若高处作业场所未设扶梯、平台、栏杆等防护装置，或个人防护措施不当，则有可能发生高处坠落伤亡事故。

4）运转设备危险性。制冷设备中的压缩机、泵及搅拌器等属于机械传动设备。若传动机械的外露部位，如传动皮带和皮带轮，传动轴和联轴器等，未装防护罩或防护装置损坏和有缺陷，则可对操作和检修人员造成碰撞、挤压、卷入、绞、碾等机构伤害。运行中的传动机械轴封处因泄漏发生制冷剂喷溅，则有可能引发燃烧、中毒和对周围人员的化学性灼烫伤害。

5）电气设备危险性。制冷系统安装维修人员现场可能接触到的电气设备有电动机、电焊机与电焊工具及电气开关等。这些电气设备若漏电又无接地与漏电保护装置，带电部位损坏暴露而未修复，以及环境潮湿使电气绝缘性能降低等，人员一旦与漏电、带电部位接触就有可能引发触电而导致伤亡事故。

2. 职业危害因素

对于制冷空调安装维修作业人员，其职业危害因素分为化学物质类因素和物理类因素两类。

（1）化学物质类因素

1）氨中毒。制冷系统中氨用得较多，泄漏后若不发生燃烧爆炸，就有可能被人体吸入，出现咳嗽、憋气、流泪、咽喉肿痛等症状。如氨气体积分数很高，则可出现口唇指甲青紫、头晕、恶心、呕吐、呼吸困难甚至死亡。长期少量吸入氨气可引起慢性中毒，引发慢性支气管炎、肺气肿等呼吸系统疾病。

2）电焊烟尘。在制冷空调设备安装维修过程中，有时不可避免要使用电气焊设备和工具进行电气焊操作，焊接时，电弧放电产生4 000～6 000℃高温，在熔化焊条和焊件的同时，产生了大量的烟尘，其成分主要为氧化铁、氧化锰、二氧化硅、硅酸盐等，烟尘粒弥漫于作业环境中，极易被吸入肺内，造成电焊工尘肺。

在焊接电弧所产生的高温和强紫外线作用下，电弧区周围会产生具有刺激性气味的有毒气体。焊接时产生的这些气体当被人吸入时，对肺组织产生剧烈的刺激与腐蚀作用，引起肺水肿。另外，焊接产生的电弧光会对人体产生危害，损伤眼睛及裸露的皮肤，引起角膜结膜炎（电光性眼炎）和皮肤胆红斑症。照射后皮肤有明显的烧灼感。气焊时因气瓶泄漏使检修人员接触高浓度的乙炔也会导致中枢神经抑制。乙炔有类似醉酒的作用，一次大量吸入可引起昏迷甚至死亡。

3）化学腐蚀性伤害。制冷空调设备维修中经常会使用一些化学药品做清洗和处理，例如盐酸和氢氧化钠。若不慎与人体接触，或吸入与食入，会与皮肤、呼吸与消化器官等发生化学反应，引起脱水或产生高热，从而使机体受到破坏和伤害。液氨若与皮肤接触则会造成严重冻伤。

（2）物理类因素

1）燃烧爆炸。即化学爆炸。制冷系统厂房内可能发生的燃烧爆炸是由易燃气体（乙炔）或易挥发可燃液体（液氨）大量快速泄漏，与周围空气混合，在延迟点火的情况下，在泄漏点附近形成覆盖范围很大的可燃气体混合物，在引火源作用下而产生的爆炸。

蒸气的爆炸是空间爆炸，爆炸的破坏效应是由火球燃烧和爆炸冲击波引起的。与一般的燃烧或爆炸相比，其破坏范围更大，造成的危害也严重得多。

若误将氧气充入已运行的氨制冷系统进行试压，也会引发可燃混合气体的燃烧爆炸。

2）压力爆炸。气体压力爆炸是压缩气体在超过外壳所能承受压力的状态下引起的爆炸，如制冷系统用压缩空气试压时因超压引起的爆炸，氮气、氧气、压缩气体钢瓶因撞击或受热膨胀引起的爆炸，氨压缩后冷凝引起容器的爆炸等。

气体压缩爆炸造成的破坏效应主要表现为空气中形成的爆炸冲击波，强大的冲击波超压会造成多人伤亡和设备及建筑物的毁坏。

3）蒸气爆炸。液化气体蒸气和过热液体液化气体等物质在容器内处于过热饱和状态，容器一旦破裂，气液平衡被破坏，过热液体就会迅速汽化，此时饱和蒸气连同汽化的过热液体急速向外逸出而引发爆炸。过热液体急速气化产生大量蒸气，其破坏效应比单纯的气体压缩爆炸要大得多。

氨压缩制冷系统冷凝器、储液器等压力容器的爆炸就属于这一类型。两种类型的爆炸叠加在一起，后果是最为严重的。

3. 其他危害因素

（1）触电

接触电气设备的操作和检修人员在设备漏电或在潮湿环境中作业又防护不当时，可能发生触电事故。

焊条电弧焊作业人员若操作与防护不当，或违规作业，则有可能发生触电事故并导致人员伤亡。

（2）高处坠落

操作与检修人员在高处作业因防护不当或行动不慎坠落而发生的伤亡事故。

（3）起重伤害

检修作业中起吊或平移重物（机器及设备等）时可能发生的挤压、重物坠落和倾倒、物体打击和碰撞等对人员造成的伤害。

（4）机械伤害

如压缩机、泵等转动机械试车及正常运行过程中，其转动外露部位与操作检修人员触碰可能引发的伤害。

所以，制冷与空调设备安装修理作业人员，不仅要具备本工种的理论知识与专业技术，还必须掌握和熟悉制冷空调作业环境和工作对象的安全技术要求。

第二节　制冷与空调设备安装作业的程序

一、安装前的程序

1. 准备工作

（1）阅读安装施工图

全面熟悉整个工程概况和要点；仔细审阅图样，熟悉全部的施工技术资料；理解设计意图和施工技术要求。

（2）选择施工机具

（3）吊装设备的准备

常用起重设备包括链式起重机、手动葫芦、双梁或单梁吊车，以及车载式起重机等。

（4）常用量具的准备

常用的量具有卡钳、游标卡尺、千分尺、塞尺、框式水平仪、平尺及千分表等。

2. 设备开箱检查

（1）设备开箱前，应核对箱号和箱数是否与单据相符，检查包装有无损坏或受潮。

（2）开箱后，应核对设备的名称、型号及规格，看其是否符合设计图的要求。

（3）进一步检查设备主机、附属部件、零件、附件及专用工具等是否齐全；设备表面有无缺陷、损坏、锈蚀及受潮等现象。

（4）清点出厂检验证书、使用说明书等设备技术文件是否齐全，检查各种仪表装置的包装或铅封是否完整无损。

3. 准备冷冻机油、清洗剂及制冷剂

（1）冷冻机油

在施工现场，通过对油外观的初步识别可判定其质量优劣。劣质冷冻机油往往会对机组运行造成严重影响。

（2）清洗剂

为保证安装工程质量，应正确选择清洗剂。

（3）制冷剂

制冷剂一般装在专用的钢瓶内。装有制冷剂的钢瓶外表涂有不同颜色的油漆。氨瓶涂刷成黄色；氟利昂瓶涂刷成银灰色，瓶表面说明氟利昂制冷剂的具体名称。R11 和 R113 一般不用钢瓶装，多用铁桶盛装。

二、蒸气压缩式制冷设备安装作业程序

1. 制冷压缩机安装

（1）压缩机基础的检查和验收

制冷压缩机基础一般由土建单位施工。向安装单位移交前必须共同检查，确认合格后，安装单位进行验收，并转入下一工序。验收时，一般基础各部位尺寸的允许偏差应符合规范要求。

（2）设备上位找正和初平

制冷压缩机上位就是开箱后，将制冷压缩机由箱的底排上搬到设备的基础上。

制冷压缩机找正就是将制冷压缩机上位到规定的部位，使制冷压缩机的纵横中心线与基础上的中心线对正。

制冷压缩机找正时，除使其中心线与其基础中心线对准外，还应注意使制冷压缩机上的管座等部件的方位符合设计要求。

制冷压缩机的初平是在上位和找正之后，初步将制冷压缩机的水平调整到接近要求。

（3）设备的精平和基础抹面

采用铅垂线法精平时，可将铅垂线挂在飞轮的外侧，在飞轮外侧正上方选一点，并用塞尺测量此点与铅垂线的间距；再转动飞轮，将上方测点转至下方，并用塞尺测量该点与铅垂线的间距，这两个间距如不等，则调整斜垫铁，直至两个间距相等为止。

2. 蒸发器安装

立式（或螺旋管式）蒸发器安装前，应对水箱箱体进行渗漏试验。然后将箱体吊装到预先做好的、上部垫有绝热层的基础上，再将蒸发器管组放入水箱内。应使蒸发器组垂直，并略倾斜向放油端，各管组间距应相等。可采用水平仪或铅垂线检查其安装是否符合要求。

在安装立式搅拌机时，应将刚性联轴器分开，清除孔内的铁锈和污物。要注意原定的连接方向，使孔与轴能正确配合。

卧式蒸发器的安装和卧式冷凝器一样，应安装在已浇好而且干燥后的混凝土基础或钢制支架上。

3. 冷凝器安装

冷凝器是承受压力的容器，安装前应检查设备出厂检验合格证，安装后应系统地进行气密性试验。冷凝器的吊装，根据施工现场的条件，可采用手动葫芦或绞车等起重吊装工具。然后对设备进行找平。

4. 储液器安装

为便于观察储液器液位的变化，一般将储液器安装在压缩机的机房内。立式冷凝器露天安装时，储液器也多露天安装。在安装时，应注意其安放的平面位置。

5. 空气分离器安装

安装位置多在冷凝器与储液器附近，由储液器或总调节站供液，其回气一般接于低压循环储液器的进气管上，不得与压缩机吸气管道直接相连。

6. 油分离器和集油器安装

油分离器的安装包括检查基础、核对地脚螺栓位置、用吊车将油分离器搬运和吊装到基础上、用双螺母拧紧地脚螺栓、用水平仪和测锤校验平直度等步骤。

集油器原则上安装在室外，以免放油时未分离净的氨气随油散发在室内。集油器桶体最好能接受阳光直射。

7. 循环储液桶和氨泵安装

按设计图要求，制作钢质或混凝土构架。划定安装线，吊装桶体。连接与氨泵之间的管道时，要使氨泵中心线与桶体控制液位保持一定的距离。参照压缩机安装法安装氨泵电动机，使两轴同心。电动机转向应符合氨泵指定转向。

8. 中间冷却器安装

中间冷却器可安装在高、低压压缩机的中间位置，或附近的靠墙一侧。对于氨制冷系统，为求低压排气的完全冷却，可将中间冷却器供液管接在其进气接头上，氟利昂制冷系统的供液管则可接在桶体位置的进液口上。中间冷却器上的指示仪表和控制仪表的安装方法同循环储液桶等压力容器。

9. 管道阀门的安装

制冷管道是将制冷压缩机、冷凝器、节流阀和蒸发器等设备及阀门、仪表等连接，构成一个封闭循环的制冷系统，使制冷剂不间断循环流动，起到制冷作用。安装时应该使管道与设备、管道与管道之间，保持合理的位置关系，保证制冷剂在系统中顺利地流动。

10. 系统吹污

系统吹污时要将所有与大气相通的阀门关闭。其余阀门全部开启。吹污工作应按设备和管道分段或分系统进行，排污口应选择在各段的最低点。

11. 系统的气密性试验

系统的气密性试验就是查漏。可先后用打压、抽真空和充注少量制冷剂的方法查漏。

12. 系统充工质

（1）系统充氨

充氨是在管道和设备隔热工程完毕之后进行的。

（2）系统充氟利昂

氟利昂系统充氟利昂有高压端和低压端充注两种方法。

13. 系统的试运转和调试

首先进行空车试运转，启动后若有不正常现象，如声响、振动或油压异常，应立即停车，检查故障，重新启动。启动后观察运转情况，若无异常，可间歇地运行，每次启动后的运转时间逐渐延长。空车启运运转正常后要调整油压，然后可连续运转。

重车试运转即制冷系统负荷试运转，重车试运转的操作要求与正常操作调整基本相同。

螺杆式制冷压缩机的润滑系统是独立的，在运转之前应先启动油泵，油压升至要求值时，再启动压缩机。待主机运转正常、指示灯亮后缓慢开启吸气阀，调节滑阀至所需要能量位置。螺杆式制冷压缩机不宜长时间空载运转。在试运转过程中，要密切注意温度和声音的变化，若有异常，必须停车检查。

三、溴化锂制冷设备安装作业程序

1. 溴化锂制冷机的安装基础

溴化锂制冷机的安装要打好设备基础，正确吊装就位，使溴冷机水平达到要求。

安装溴化锂制冷机，应首先做好机房地面以下深度约 1 m 的地基，最好对机组纵向承重的基础座位置浇注混凝土台座，至少要用三合土夯实，以防止地面下沉。承重位置的基础或基础台座的铺设要求水平，并用水平仪进行校核。

2. 机组安装

溴化锂制冷机的安装分整机安装和散件安装两种形式。整机的安装分机器吊装和人工安装两种方式。人工安装一般是先将机组运至与基础纵向平行的对应位置后，再上基础台。散装的大型制冷机组需在现场组装时，应先把下桶体运至基础上校准，然后依次安装上桶体、管道和部件。

3. 管道安装

为了使机房有足够的场地进行操作和检修，机房中的管道应尽可能架空或地下敷设。为了安装流量计及其仪表的需要，蒸汽管和水管路至少有一端需架空安装。此外，还应预先留出安装仪表管箍和短管管口的位置，待焊好后再吊装连接，安装完毕的管道需进行压力试验。

4. 气密性检验

气密性试验是为了检查制冷系统是否存在着漏气现象。包括正压检漏、负压检漏和仪器检漏。利用空气压缩机直接充入空气至相应压力，适用于未灌注溶液的新机组；凡漏气部位必须采取补漏措施，补漏工作在泄压后完成，直至复查时不漏为止。

为进一步提高机组的气密性，正压检漏合格后，应进行卤素检查。卤素检漏法也是用正压检漏，与机组运行状态恰恰相反，所以目前卤素检漏结果也不能作为机组密封检验合格的最终标准。因此，高真空的负压检漏结果，才是判定机组气密性程度的唯一标准。

严格来说，机组漏气是绝对的，不漏气是相对的。

检漏为了做到不漏检，检漏前可把机组分成以下几个检漏单元：高、低压发生器及冷凝器壳体；吸收器、蒸发器壳体；溶液热交换器、凝水回热器、抽气装置壳体；管道；法兰、阀门、泵体；传热管。

5. 溴化锂制冷机的水洗和溶液灌注

新的溴冷机组在经过严格的气密性检验以后，必须进行水洗。水洗的目的有三个：一是检查屏蔽泵的转向和运转性能；二是清洗内部系统的铁锈、油污；三是检查冷剂和溶液循环管路是否畅通。

注入的溴化锂溶液的主要指标应符合国家标准。

6. 安装冷却塔

冷却塔的高位安装，是将其安装在机房的屋顶上，将需要处理的冷水从蓄水池（或冷凝器）经水泵送至冷却塔，冷却降温后从塔底集水盘向下自流压入冷凝器中，以此不断循环。一般由蓄水池或冷却塔集水盘中的浮球阀自动补水。

冷却塔的低位安装，是将其安装在冷冻站附近的地面上。占地面积较大，一般常用于混凝土或混合结构的大型工业冷却塔。

7. 水泵的安装

在要求严格的场所水泵必须安装在减振支架上。为减小水泵产生的振动传至管道上，水泵与进、出口管的连接应加装橡胶补偿接管。

8. 调试与验收

（1）调试前的准备工作

冷却水和冷水温度要调节到适合于调试的要求，安装好冷却水水质处理装置，准备好符合水质要求的冷剂水，不可用自来水或地下水作为溴冷机的冷剂水。

（2）检查附属设备和设施

检查水泵电动机的空载电流、转向及其开关柜是否正常，吸水管段有无漏气，压出管段有无漏水，吸水管段抽真空引水设备是否正常。

（3）试运转调试

溴化锂制冷机的调试工作分：检漏、水洗和注液、调整溶液循环量和质量分数。手动操作的机型以现场检漏注液为主。

（4）调试中出现问题的分析及处理

调试过程中，常会出现一些问题，应及时分析并予以处理。调试中一般常发生的问题是：运行不平稳、机组中发现不凝性气体、冷剂水被污染和制冷量偏低等。

（5）调试后验收

溴化锂制冷机的验收工作，从工况测试时开始。检查测定各类泵和阀的灵敏度，检查机体和温度以及各类自控仪表是否正常。

四、制冷与空调设备修理作业的程序

1. 维修前的准备工作

（1）了解和掌握所要维修的设备的性能，以及维修的关键部位和技术标准。

（2）准备维修工具和起重吊装设备。

（3）准备需用的测具、量具。

（4）准备清洗剂、制冷剂、冷冻机油等。

（5）设置安全维修标志，做好安全防护措施。

2. 试运行、确认维修部位

（1）空车或重车试运行，检查系统运行状况，通过运转声音和机体温度等现象判读故障部位。

（2）了解自控部件及系统附属设备的性能，找到故障原因。

（3）开始维修具体故障部件

1）压缩机拆卸和清洗。设备拆卸清洗的场地要清洁，要有防火设备。清洗时，应注意防止污物污染基础，制冷压缩机的装配应以先拆的后装，先内后外，先装成部件后总装的次序进行。

2）压缩机的维修。检查、测量各类运动部件配合和密封装置的磨损情况。清洗干燥过滤器、油泵等，更换干燥剂。根据具体情况选择修理故障部件，例如气缸、活塞组、连杆、轴承和轴封等。

3）换热和辅助设备的维修。对于换热设备，根据有关资料介绍和实际使用情况，原则上每年应进行一次大修，每运行 700 h 后应进行一次中修。维修内容包括检查载冷剂和冷却水侧是否发生腐蚀，防腐层是否脱落，清洗管板面和传热管等。对于工作满 5 年的换热设备，大修时应选择典型传热管，如表面有腐蚀痕迹的管子拔出进行割管检查，决定是否需要更换。

4）管道与阀门的修理。制冷系统中的管道和阀门，运行过程中会发生防腐层脱落、连接松动、焊缝开裂、穿孔、阀杆变形、密封件泄漏、阀门不能正常启闭等故障。这些故障会直接影响制冷系统的正常运行和安全。

5）泵与风机的修理。引起水泵故障的原因比较多，发生故障后应仔细分析研究，判断引起故障的原因，然后进行处理或修理。风机的常见故障多是风量风压不足或转动不规则和轴承故障。

6）系统吹污或气密性试验。系统吹污时要将所有与大气相通的阀门关闭。并分段或分系统进行。系统的气密性试验就是查漏。可先后用打压、抽真空和充注少量制冷剂的方法查漏。

7）真空试验与充注制冷剂。真空试验的目的在于检验系统在真空条件下有无渗漏，排除系统内的空气，为充注制冷剂做准备。

对于蒸气压缩式制冷循环充注制冷剂工质有氨和氟利昂两种，系统充氨是在管道和设备隔热工程完毕之后进行的；系统充氟利昂有高压端和低压端充注两种方法。

8）自控部件的维修调试。压力控制器动作停车后，不能自动复位启动，需待查出原因并清除故障后再手动复位。其设定值和动差可在一定范围内调整。

压差控制器可以防止因油压不足，润滑不良烧毁压缩机。此外，还有温度控制器、液位计、热力膨胀阀等，可以根据具体故障情形选择调试或更换。

3. 系统的试运转和调试

维修完毕后，要检查维修部位的完好情况，确认无误后可进行系统或部件的试运行，并将系统调试至正常范围。

4. 清理维修现场，做好安全防范措施

五、制冷与空调设备安装修理作业安全操作要求

1. 安全技术措施

（1）消除导致燃烧爆炸的物质条件

安装检修过程中应尽量不用或少用易燃和可燃物质，加强安装维修空间的通风换气。

设置检测报警装置。一旦可燃气体的环境浓度超标即发出警报，以便采取紧急措施予以防范。

其他防范措施：对燃烧爆炸危险物的储存、保管、运输，应根据其特性采取有针对性的防范措施。

防止明火。维修用火是安装检修作业过程中引起燃烧爆炸的主要原因之一，因此一般都对其制定了严格的管理制度，应认真贯彻。

（2）安全技术措施

控制管道内的工质流速。管道内的工质（气体或液体）流速越高，则越容易产生静电积聚。如未采取静电接地措施或积聚的静电不能及时导引，就可能因产生静电火花导致可燃物质的燃烧爆炸。管道内的工质流速与工质种类及管径大小有关，这方面可根据相关标准的规定选取。

按正确程序进行开停车和正常操作。试车、开停车及正常操作程序均应按操作规程进行，任何一个环节的颠倒或错位，均可能导致燃烧爆炸事故的发生。开停车的一般规律是：先开车的装置后停车，后开车的装置先停车，即"先开后停，后开先停"。如系统开车前要先开冷却水系统，而停车时必须在工质停止流动并相隔一段时间后，才能把冷却水系统停下来。

控制温度和压力。温度和压力是制冷系统工艺过程中的重要控制参数。准确控制系统的温度与压力，不但对制冷系统的正常运行具有重要意义，也是防火防爆所必需的。温度过高，会因蒸发加速或气体膨胀引起压力升高，最终导致容器超压而引发物理爆炸。

（3）防中毒和化学灼伤

防止系统和储存容器泄漏。检修人员因与氨、氮、乙炔等有毒有害气体接触造成窒息、麻醉昏迷、呼吸障碍甚至死亡，以及与盐酸、氢氧化钠等腐蚀性物质接触引起化学灼伤，主要是由系统和储存容器泄漏造成的。因此，使系统和储存容器处于良好的密封状态，做到不泄漏至关重要。这方面可参看防火防爆的相关内容。

在有毒有害环境中工作的操作与检修人员，做好个人防护与卫生工作，对防止、减少中毒和化学灼伤事故的发生是十分重要的。应根据作业场所的工作性质，穿戴好必要的个人防护用品，如防毒面具、防酸碱的工作衣帽、手套、面罩和胶靴等，一旦遇到有毒及腐蚀性物料泄漏溢出，则可以起到隔绝和限挡作用，防止人体受到伤害。

（4）安全管理措施

即使是具有安全性能与高度自动化的系统装置，也不可能全面地、一劳永逸地消除、预防所有的危险、有害因素（包括工艺运作和设备安装检修）和防止人员的失误。安全管理对于所有工程项目与装置都是企业管理的重要组成部分，是保证装置安全运行的必不可少的措施。

2. 安装维修作业安全操作要求

（1）检修前应取得检修任务书，按任务书要求认真落实各项安全措施，并履行各项作业（动火、动土、临时电源、高处作业等）审批手续。工作前要熟知制冷生产企业作业区的各种有关规定和标准，并仔细检查现场实际情况，发现问题及时处理。问题未解决，不准作业。

（2）进入施工现场，必须按规定穿戴、配备好合乎要求的防护用品。同时，应掌握防护用品的正确使用和维护方法。现场作业时，所用的器材、机具、工具必须齐全完好、可靠，否则不许从事作业。

（3）在安装检修作业区进行维修、安装作业时，对工艺设备的动力源、物料源必须有切断、封堵、隔绝等可靠措施，并在醒目的地方悬挂警告标志。

（4）检修接触易燃、易爆和有害介质的容器、管道，以及地沟和机器设备时，须严格遵守有关清洗安全规则；须进行工质清除、清洗、有害气体置换，并经检测合格后方可作业。在作业过程中，还必须按有关规定进行定时分析检查。

（5）清洗设备和零部件时，不准使用挥发性强的易燃液体；用过的布条和棉纱等物品应及时回收，不得乱扔或存放在生产现场。对可燃易燃物储罐检修时，若未完全排除可燃物，严禁进行电、气焊修补，并防止因撞击产生火花。

（6）容器检修时，系统必须停车。容器降温、降压必须严格按操作规程进行。必须将余压泄尽，严禁带压检修。不许在容器带压的情况下上紧或拆卸螺栓和其他紧固件（工艺操作规程规定允许的除外）。紧固或拆卸螺栓，不可用力过猛。在高处，分层交叉作业时，应将零部件工具放置稳妥。必要时拴好系牢，或放入工具袋（箱）内。

（7）在拆卸侧面机件时，应先拆下面螺栓；装配时，应先紧固上部螺栓。拆卸重心不平衡机件时，应先拆离重心远的螺栓，装配时，应先紧固离重心近的螺栓。拆卸弹簧时，应防止弹出伤人。

（8）从事酸、碱危险液体设备、管道、阀门的修理时，应特别注意面部与眼的防护，并戴橡胶手套等以防烧伤。如有工质溢出，应及时进行现场清理。

（9）工作人员进入高大设备内检修时，必须采取安全措施，设备内的升降工具和脚手架等必须安全可靠。要注意设备外应有监护人员进行联络。监护人员不得擅自离开岗位，并应掌握急救方法。

（10）设备容器检修完毕，应作全面检查，必须检查内部有无遗留物品或人员，并对现场进行清理，确认无问题后方可开始试车。机器设备试车前，应先检查机器各部件及防护装置是否完全装好，然后对转动部件进行盘车检查。试车后如发现问题需要继续修理时，应切断电源，拔掉保险。

第三节　制冷与空调系统的安全装置、仪表、阀门等安装修理的安全要求

一、压力控制装置的安装修理要求

1. 压力控制装置的种类

压力表阀是用于控制制冷设备、制冷管路、调节站压力表的阀门，根据所用制冷剂不同，有氨用和氟（利昂）用压力表阀。

压力控制器又称压力继电器或压力调节器，是一种由压力信号来控制的电开关。主要用于制冷系统的压力调节控制，特别是进行旨在防止系统高压过高、低压过低的压力调节控制，最终起到保护系统设备正常工作、系统自动控制的作用。

压差控制器分油压差控制器和空气压差控制器两种。在实际制冷运行中润滑油的压力是油压表所指示的压力与压缩机吸气压力的差值。因此，油压控制的本质是油压差的控制。它的作用是用于制冷压缩机的油压差保护，使油压差在一定值范围内保证润滑系统正常工作，避免制冷压缩机因缺油造成机械故障、压缩机损坏等事故的发生。当油压力差低于设定值时，压差控制器开始动作，自动断开电路，使制冷压缩机停止工作。

2. 压力控制装置的安装修理

为保证这些安全保护装置在制冷系统运行之中的正常使用，在安装修理中应做到：

（1）严格按照标准规定安装，不得任意改变位置。

（2）所用压力表不得小于最高工作压力的 1.5 倍。不得大于最高

工作压力的 3 倍。压力表的精度等级不得低于 2.5 级。

（3）调整压力信号的相对位置时要仔细调试，使信号开关传动杆跳动稳定。

（4）维修时不能大拆大卸零部件，非有必要，尽量不拆。

（5）不能正常指示所测量的压力值，以及铅封损坏的仪表应立即更换。单件校验后，应装回系统人为地制造压力条件观察保护作用是否可靠。

（6）气箱和波纹管部分如有渗漏，需送回制造厂修理；压力保护装置应每年校验一次检查刻度是否准确、电信号是否可以正确发出。压力表必须采用专用表，且必须有制造厂的合格证和铅封。不得使用其他压力表代替。同时，每年校验一次，安全合格才能继续使用。

二、温度与液位显示控制装置的安装修理要求

1. 温度与液位显示控制装置的种类

温度控制在制冷空调系统中，为了达到所要求的温度，不仅要求测出被测点的温度，同时在系统运行过程中为了保证安全可靠、经济运行，要求对系统温度实现自动控制，即当冷库的冷藏、冻结空间，空调空间达到所要求的温度范围时，温度控制器能够自动地控制压缩机的开、停。温度显示控制装置主要有玻璃棒式温度计、压力式温度计、电子温度计。

为确保制冷空调设备运行可靠安全、经济运行，系统中的一些设备如液体储存、气液分离设备，其液位应控制在一定范围内（高压储液器存氨率不超过 70% ~ 80%，视环境温度而定）。液位显示控制装置是制冷系统中必不可少的安全保护装置。正常液位和最高液位应被显示。液位控制器主要用于控制最高液位，避免由此产生的设备事故。制冷空调设备中液位显示装置常用液位指示器，主要有玻璃管式、板式、压差式。

2. 温度与液位显示控制装置的安装修理要求

（1）正确安装使用温度显示及控制装置。装设位置应便于观察和操作，避免强烈震动和冻结。导致刻度不清、表盘破裂，不能正常指

示所测量的温度值。

（2）所用温度计量程不得小于最高工作温度的 1.5 倍。不得大于最高工作温度的 3 倍。温度计的分辨能力应为 0.1℃，最大误差±1℃。

（3）液位指示器应定期检查保证其安全正常工作。低压储液器除设液位指示器外，还应设报警装置，一旦出现事故能及时发出警报，使工作人员能及时处理所发生的故障，保证人身设备安全。

三、安全阀旁通阀、易熔塞和紧急泄氨器的安装修理要求

1．种类

安全阀是制冷系统中受压容器的安全保护装置。当受压容器内制冷压力超过规定值时安全阀能自动开启，排出受压容器内具有过剩压力的制冷剂。当受压容器内压力恢复到规定值时，安全阀将自动关闭。制冷系统中的冷凝器、高压储液器、氨液分离器、中间冷却器，以及低压循环储液器等均应安装安全阀。

对使用不可燃制冷剂（如氟利昂）的小型制冷设备，为保证体积小于 1 m^3、直径小于 152 mm 的冷凝器、储液器等压力容器的安全，一般采用易熔塞代替安全阀。易熔塞用在 60 ~ 75℃ 的温度下即可熔化的合金制成。易熔塞除了作为压力容器的高压保护装置外，还可以防止因外部火灾而出现的爆炸事故。一旦温度超过规定值，易熔塞便熔化，将制冷剂气体放到大气中，以保证人员设备安全。

当发生重大事故或出现不可抗拒自然灾害时，使用紧急泄氨器将制冷系统中的氨液与水混合，稀释成氨水溶液迅速排入下水道，以保证人员、设备安全。其结构如图 4—1 所示。

壳体上分别有制冷氨液和水的进口，氨液内管上有许多小孔，内管外端与高压

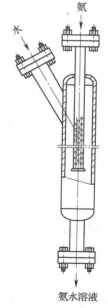

图 4—1　紧急泄氨器

储液器、蒸发器等设备相连通。需要紧急泄氨时，先开启紧急泄氨器的进水阀，再开启进氨液阀，氨液经过布满小孔的内管流向壳体内腔并溶解于水中，成为氨水溶液，再由排泄管安全地排放到下水道中。

2. 安全阀旁通阀、易熔塞和紧急泄氨器的安装修理要求

（1）首先要保证安全阀的材质安全、耐用，在受压容器内与制冷剂不发生化学反应，不产生腐蚀作用。其次要求针对不同的制冷剂选用不同的安全阀。受压容器压力、温度不同，应选用与之相匹配的安全阀。

（2）安全阀阀瓣开启度与压力容器内设计压力有关。区别于一般压力容器，制冷系统压力容器内的制冷剂，尤其是氨制冷剂对环境造成影响的同时，还会带来诸如爆炸、燃烧等安全隐患，所以安全阀设定值压力应高于设计压力的 1.05~1.1 倍。这样既能保证安全阀在受压容器内超过规定值时能自动开启，同时也避免因受压容器内压力的小波动造成安全阀的误开启操作，确保系统良好的密封和系统运行的安全。

（3）压缩机和制冷设备上的安全阀，应每年由法定校验部门校验一次并铅封。开启一次须重新校验。

（4）高压容器常选用弹簧式安全阀，而压力不高、温度较高的受压容器则选用杠杆式安全阀。

（5）选用符合国家标准的易熔塞和紧急泄氨器。

（6）紧急泄氨器应经过耐压试验，液压耐压试验压力应为设计压力的 1.25 倍，气压耐压试验压力应为设计压力的 1.15 倍，保压时间不少于 10 min，不应渗漏。

（7）紧急泄氨器应保证清洁安装。

四、断水保护装置的安装修理

在制冷系统运行过程中，常常由于水泵或其他方面原因，造成冷却水供水中断。在高压压力控制器保护失灵的情况下，断水会造成压缩机损坏以及冷凝器等压力容器压力过高，轻者影响制冷系统的正常工作，重者可能发生爆炸。即使安全阀等保护装置不失灵，因断水导致的制冷剂的外泄也将对周围环境产生不利影响，甚至引发火灾。同时因冷媒水泵故障、水管路堵塞，造成冷媒水断流，冷媒量不足，冷负荷过小，蒸发温度过低，会使冷媒水冻结，将蒸发器胀裂，甚至在短时间内冻坏蒸发器。因此，为了保证机器设备使用安全，避免因此而产生更大的人身设备事故，通常在压缩机冷却水出水口、冷凝器出水口以及冷媒水系统中装设断水保护装置，以便自动切断电动机电源并发出报警信号。

目前，一般采用晶体管水流继电器作断水保护装置。在压缩机和冷凝器冷却水管上或冷媒水系统中，安装一对电接点，其作用是当有水流通过时，电接点通过水导通，继电器工作并发出电信号，此时压缩机正常工作或可以正常启动。若水流中断，继电器电接点断开，压缩机因断电而停车或不能启动，避免造成设备事故发生。考虑到水流中经常有气泡产生，使继电器误操作，而断水不会立即引起事故，所以应使继电器延时（一般为 15 s）动作，如继电器在延时时间内恢复正常工作，则压缩机将继续运行。

第四节　制冷与空调系统排污检漏及制冷剂的操作安全要求

一、不凝性气体的安全排放

1. 压缩式制冷系统不凝性气体的排放

制冷系统中的不凝性气体主要是系统中由于抽真空不彻底残存的、低压设备渗入的空气，此外，还有制冷剂、润滑油高温下分解出少量不凝性气体。这些气体在冷凝器和高压储液器内不能液化，将降低冷凝器的传热效果，使冷凝压力及排气温度提高，压缩机制冷量减小，耗电量增加。从排气压力表指针剧烈摆动以及排气温度和冷凝压力高于正常值可判断出，系统中存在不凝性气体。一般通过空气分离器来分离出系统中的不凝性气体。

空气分离器是一种气—气分离设备，一般安装在制冷系统的高压设备附近。图4—2所示为氨制冷系统中常用的四重套管式空气分离器。其作用是分离和清除制冷系统中的不凝性气体（空气），以保证制冷系统安全工作。

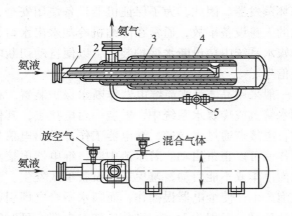

图4—2　四重套管式空气分离器

1、2、3—内管　4—外管　5—节流阀

排放不凝性气体（空气）过程：先开启混合气体进入阀，使混合气体进入空气分离器的外管4和内管2，开启节流阀5，使从高压储液器来的氨液经节流降压后进入空气分离器的内管1和内管3中，低温低压氨液吸收管外混合气体的热量而汽化，经内管3上的出气管流向氨液分离器或低压循环储液器的回气管。受内管1、3中低温氨液的冷却，混合气体中的氨蒸气凝结成液体，与不凝性气体（空气）分离。氨液积聚在管4的底部。当积液较多时，关闭管1上的供液节流阀，打开旁通管上的节流阀，旁通管继续供液并通入管1继续吸热。此时，不凝性气体（空气）由内管上的出气管排入盛水的容器中。通过观察水中气泡的大小、多少、颜色，可以判断不凝性气体（空气）是否全部放出。当水温明显上升，有强烈氨味且水呈乳白色，并发出轻微的爆裂声时，说明有氨液放出，应立即停止不凝性气体排放。放空气阀开启度要小，以防止氨气大量漏出。

氟系统排放不凝性气体，应先关闭储液器或冷凝器的出液阀，将系统的制冷剂全部排入储液器或冷凝器内。低压系统被抽成稳定真空后，压缩机停止运转，开启排出阀的多用通道，压缩机中的高压气体从中排出。用手挡住排气，如果排出的是空气，则手感觉像吹热风一样，如果手感到有些凉且有油迹时，说明不凝性气体（空气）放净，应立即关闭放空气阀。一般要间隔操作几次才能排净不凝性气体（空气）。

2. 溴化锂冷水机组不凝性气体的排放方法

溴化锂吸收式制冷机组带有自动抽气装置和机械真空泵两套排除不凝性气体的装置，自动抽气装置在机组工作时不断抽气，抽出的不凝性气体排至集气室。随着集气室中不凝性气体的增多达到一定时间后，机械真空泵启动将不凝性气体排出机组。自动抽气装置的型式有多种，但基本原理大致相同，都是利用溶液泵排出的高压液流作为引射抽气的动力。这种装置的抽气量比较小，但在机器运转中能自行连续不断地抽气，操作方便。随着机器密封性能的提高及防腐措施的加强，机器内部不凝性气体大为减少，因而提供了使用这种抽气装置的可能性。

除此之外，也可以在集气室压力高于当地大气压的条件下，打开排气隔膜阀进行排气。具体操作步骤：

（1）软管一端接在集气室排气阀接管上。

（2）在 2 000 mL 量杯中装入 1 600 mL 的水，软管另一端插入水中。

（3）关闭自动抽气装置通向吸收器的回液阀，打开集气室排气阀，有气泡冒出则说明在排气。

（4）当气泡停止排出，而有溶液排出时，将集气室排气阀关闭，打开自动抽气装置向吸收器的回液阀。

（5）拆下软管。

二、制冷系统的排污

主要任务是排除系统各设备、连接管道内的铁锈、灰尘等。同时还要排除管道焊接时所残留的焊渣、铁锈、其他污物。目的是避免这些杂质污物被压缩机吸入气缸内造成气缸或活塞表面产生划痕，加大磨损，甚至敲缸等事故。同时也可防止污物堵塞系统的节流装置，影响制冷系统安全正常工作。

制冷系统设备较多，管路复杂，常采用分段排污法排污。排污口设在各段的最低处，以便排污更彻底，保证系统安全运行。

氮气或压缩空气排污。把压力为 0.6 MPa 的干燥氮气或压缩空气充入排污系统，待系统压力稳定后，迅速打开排污阀，借助带压气体的急剧冲力排出系统内的污物、焊渣等杂质。这样进行多次排污，可达到排净系统的目的。这是带压操作，为避免污物对人的伤害，操作人员不可面对排污口。

压缩机自行排污。若无可供使用的干燥氮气或压缩空气设备，但又必须对系统排污，可以采用系统内的压缩机自行排污。排污过程：先将压缩机吸入阀的过滤器拆下，用过滤布包扎好入口，使空气过滤后被吸入。启动压缩机，逐渐升高压力，排气压力控制在 0.6 MPa 左右。这样排污进行多次，直到系统干净。

三、制冷系统试压检漏

为检测系统的气密性，查看系统中各设备和管路焊口及连接处是否有泄漏，通常应在系统排污后对系统进行试压。

氟利昂制冷系统一般采用氮气试压。瓶装氮气压力较高，可达 15 MPa，因此使用时在氮气瓶安装减压表，保证试压操作的安全。小型氟利昂制冷系统的试压压力为 0.6 ~ 0.8 MPa，环境温度变化不大时，24 h 之后系统压力不变，便证明系统密封性合格。否则，应检查泄漏点并加以修补，然后重新试压，直到合格。大、中型氟利昂制冷系统气密性试验压力见表 4—1。

表 4—1	气密性试验压力	MPa
制冷剂	高压压力	低压压力
R717	1.76	1.18
R12	1.57	0.98
R22	1.76	1.18

氨制冷系统常用空气压缩机进行试压。试压压力参照表 4—1。另外也可采用系统以一台制冷压缩机进行试压，其操作过程：在压缩机

吸入口绑过滤白布，间隔开启压缩机，逐渐升高压力至气密性试验压力。此过程中严格控制排气温度低于120℃，油压不低于0.3 MPa，压缩机吸、排气压力差小于1.4 MPa。

制冷系统的试压检漏过程中必须保证人身及设备的安全，避免意外事故发生。首先，严禁用氧气或其他可燃气体进行试压，以防发生爆炸。其次，查出泄漏点或需补焊部位后，必须待系统压力降到大气压力方可进行焊接作业。同时，应将系统内的氨泵、液位指示器等设备的控制阀关闭，以免损坏。

四、制冷剂使用时的安全要求

制冷剂大多为化学制品，在充注入制冷系统之前，以压缩气（液）体的形式密闭储存在高压钢瓶中，在充注入制冷系统之后，也是在一个密闭的制冷装置内循环流动，并发生气液相变，以完成传递热量的功能。所以，制冷剂的安全储存和运输，以及制冷剂充注和制冷设备的安全操作，是制冷与空调作业人员必须掌握的基本技能。

1. 制冷剂的储存与运输

（1）制冷剂钢瓶是储存和运输制冷剂的专用容器，必须符合《气瓶安全监察规程》等国家有关法规和技术标准的规定，定期进行耐压试验。不符合规定的钢瓶，不得用作制冷剂容器。

（2）制冷剂钢瓶的容积有多种不同的规格。钢瓶表面应标明制冷剂的种类和容积，以及盛装重量。不同的制冷剂应使用不同标识的钢瓶盛装，不可混用。不得任意涂改制冷剂钢瓶本身的颜色和代号标识。

（3）钢瓶中制冷剂的存储量要根据钢瓶容积的大小来决定，不可超过规定限额。一般充装量以钢瓶容积的2/3为宜，以避免遇热膨胀压力增大而爆裂。

（4）制冷剂钢瓶在存储时应卧放，并使它们头部朝向一方。要旋紧瓶帽，放置整齐，妥善固定。立放的钢瓶要加装固定装置，防止倾倒。禁止将有制冷剂的钢瓶存储在机器设备间。专门存储制冷剂钢瓶的仓库要有自然通风或机械通风装置，并远离热源和避免阳光暴晒。氨制冷剂钢瓶不准与氧气瓶、氢气瓶同室储存，以免发生燃烧、爆炸事故。仓库内应设有抢救和灭火器材。

（5）制冷剂在运输时应设置遮阳设施，防止暴晒。避免剧烈颠簸、震荡和撞击，车上禁止烟火，并应配备防氨泄漏的工具，严禁与氧气、氢气瓶等易燃易爆物品同车运输。制冷剂钢瓶不允许用电磁起重车搬运。

2. 制冷剂的使用安全

（1）开、关制冷剂钢瓶阀口，应使用专用的扳手或其他适当尺寸的扳手，并站在阀的侧面缓慢开启。使用时应避免碰撞，使用后要关严以免泄漏。瓶阀冻结时，应把钢瓶移到温度较高的地方，禁止使用明火对制冷剂钢瓶进行加热。确需升压灌注时，可用 $40 \sim 50℃$ 的热布贴敷解冻。

（2）在分装制冷剂时，不可使钢瓶承受超过耐压限值的压力。瓶中气体不得用尽，必须留有剩余压力。要定期检查分装、充注软管和设备，必要时应予更换。

（3）维修制冷系统时，应根据情况处理制冷剂的排放或存储。如需焊接操作，必须放空操作设施内的制冷剂。有制冷剂污染的房间，应开窗通风并禁止明火操作。

（4）使用氨制冷剂的制冷装置必须定期进行放空气操作。使用可燃易爆制冷剂的工作场所，应按规定配置紧急排风装置。

（5）随时观察制冷设备的运行情况，并做好运行记录，防止因设备超压超温引起制冷剂的温度上升压力增大，发生爆炸事故。制冷设备运行期间应避免设高温与加热装置。

（6）液体制冷剂与人体接触时会造成冻伤，氨等引起的冻伤通常伴有化学烧伤。所以，与液体制冷剂接触时，应戴橡胶手套，避免液体制冷剂接触皮肤或眼睛。

（7）制冷剂浓度大的地方会使人缺氧，造成呼吸困难，严重时会使人发生窒息。制冷机房、维修工作场所要具备通风设施，发现制冷剂泄漏，或感觉有较强刺激性气味时，应立即启动紧急排风装置并将人员撤至上风处，并在随后时间查找漏源排除泄漏。

第五节　制冷与空调系统修理调试的安全要求

一、蒸气压缩式制冷系统修理调试的安全操作与要求

修理调试前首先要查看设备运转记录，主要查看设备的开机、停机时间，特别是上一次停机的原因和时间，如因故障停机，必须修复后才能使用。同时，要查看运行工况参数，以及交接班记录的其他情况，然后再进行开机前的检查工作。

1．压缩机检查

检查并确认电动机、压缩机保护罩完好，周围无杂物。压缩机启动前曲轴箱内压力应不超过 0.2 MPa，否则应打开吸气阀进行降压。低压系统压力也高于 0.2 MPa 时，应通过高压排气阀下的排空阀降压至 0.2 MPa 以下。曲轴箱油面不得低于视孔的 1/2，一般油面高度应为视孔的 1/2 ~ 2/3。

2．检查压力表阀

查看系统的各压力表阀是否已经全部打开，表的指示值是否符合开机要求。油三通阀应指示在工作位置上。能量调节阀位应在零位或缸数最少的位置。

3．检查压缩机水套供水管路的连接情况

看油冷却器进、出水阀是否已经开启并通水。

4．检查压缩机压力控制器

检查压缩机高、低压力控制器，油压差控制器等自动保护装置能否正常工作。

5．制冷系统设备上的阀门检查

（1）高压系统中油分离器、冷凝器、储液器等的进气阀、出气阀、进液阀应开启；安全阀前的截止阀、均压阀、压力表阀，液面指示器的关闭阀应开启，放空气阀、放油阀应关闭。所有指示和控制仪

表的阀门应打开。

（2）高压调节站对于自动控制的供液系统，供液阀及总进入阀应开启，不需开机的系统供液阀应关闭。

（3）检查储液器液面。高压储液器储液量应控制为30%～80%；低压储液器和排液桶一般不存液，当存液超过30%时应早排液；循环储液器及氨液分离器的液面应保持在控制液位上。一般液位低于30%才允许开机操作。

（4）检查中间冷却器。中间冷却器的进、出气阀、蛇形盘管进、出液阀和液位控制器、气体、液体平衡管阀应开启。中间冷却器的放油阀、排液阀、手动调节阀应关闭。液位指示器指示液位过高应先排液，液位过低先供液。中间冷却器压力控制在0.5 MPa以内。

（5）其他设备检查。检查氨泵、水泵、盐水泵和风机的运转部位应无障碍物，电动机和各设备应能正常工作，电压正常。然后对所有用电设备进行供电检查，并查看仪表能否正常显示。

以上所有检查确认可以正常工作后，开启冷却水泵，向压缩机气缸水套和曲轴箱内油冷却器以及冷凝器供水。至此，开机调试前准备工作完成。

6. 制冷压缩机的开机调试

（1）转动精油过滤器手柄数圈，以防止油路堵塞，避免油泵不上油。

（2）转动联轴器2～3圈，发现手感过重，应查明原因，清除故障后才能启动。

（3）开启压缩机排气阀，接通电源，启动压缩机。

（4）缓慢开启吸气阀，随时注意电流表的指示值，吸气表压力控制在微正压。若发现压缩机来霜，应立即关小吸气阀，待霜消除后逐步加大吸气阀的开启度，直至完全开启。

（5）调整油压使其比吸气压力高0.1～0.3 MPa。

（6）将能量调节手柄从最小容量逐级调整至所需容量，直至全负荷运转为止。

（7）待压缩机运转正常后，开启有关阀和液泵，根据热负荷和温度情况，向用冷部门提供所需的制冷剂液体。同时，将压缩机开机时间、吸气温度、排气温度、压力、油压和电流等参数做出记录。

7. 系统试运转的方式

（1）空车试运转

空车试运转时，不上气缸盖，为避免试运转时缸套外窜，用一专用夹具压住缸套。向活塞环部加入润滑油，曲轴箱内加油到玻璃视孔的1/2处。在机器运转之前，将缸口用布盖好，防止灰尘落入。然后手动盘车，无误后再点动试运转。合闸时，操作人员要注意安全，防止缸套或塞销螺母飞出伤人。启动后若有不正常现象，如声响、振动或油压异常，应立即停车，检查故障，重新启动。

启动后观察运转情况，若无异常，可间歇地运行，每次启动后的运转时间逐渐延长。空车启运运转正常后要调整油压，然后可连续运转。

（2）空车负荷试运转

目的是检查压缩机在有负荷下的运转情况、维修装配质量及密封性是否良好。

首先更换润滑油，清洗滤油器，装好吸/排气阀、安全块、缓冲弹簧和缸盖，松开吸气过滤器法兰螺栓，留出一定空隙包上绸布作为空气吸入口。然后开启压缩机上的排气阀，关闭吸气阀并启动压缩机，调整排气压力后可连续运转。

（3）重车试运转

在进行重车试运转前应先开启压缩机进行排气，然后使压缩机与系统相通，再转入制冷系统负荷试运转，并担负某一系统的降温工作。压缩机的运转时间要达到累计48 h、连续24 h。重车试运转的操作要求与正常操作调整基本相同。

螺杆式制冷压缩机的润滑系统是独立的，在运转之前应先启动油泵，油压升至要求值时，再启动压缩机。待主机运转正常、指示灯亮后缓慢开启吸气阀，调节滑阀至所需要能量位置。螺杆式制冷压缩机不宜长时间空载运转。在试运转过程中，要密切注意温度和声音的变化，若有异常，必须停车检查。

二、溴化锂制冷设备调试的安全操作与要求

1. 调试前的准备工作

（1）冷却水和冷水温度要调节到适合于调试的要求

调试前要使蒸气压力稳定、冷却水进口温度稳定、冷水进口温度稳定。

当室外气温较高时，冷却水进口的初期水温超过32℃时应开启冷却塔风机，并事先在冷水出口管段或向用户供水的水泵前引一根旁通管至回水池中（为开式系统时）。

当冷却水温偏低、冷量过剩时，开式系统可事先引蒸汽或蒸汽凝结水管至冷却水和冷水池中。开机后首先对冷却水加热使其接近24℃，然后再视情况加热冷水以提高其水温。

（2）安装好冷却水水质处理装置

应选用适用于当地水质条件的水质稳定措施。

（3）准备好符合水质要求的冷剂水

不可用自来水或地下水作为溴冷机的冷剂水。

（4）检查附属设备和设施

1）检查水泵电动机的空载电流、转向及其开关柜是否正常，吸水管段有无漏气，压出管段有无漏水，吸水管段抽真空引水设备是否正常。

2）检查冷却塔的布水器、风机、水盘漏水等情况。

3）管道内部的清洁。对于新安装的管道，在调试前均应将吸收器（或冷凝器）、蒸发器进水管端打开，启动水泵进行冲洗。

4）洗刷冷却水池和冷水池（开式系统）。

5）检查和校核机组及管道上所有的电器仪表。

2. 试运转调试

溴化锂制冷机的调试工作分：检漏、水洗和注液、调整溶液循环量和质量分数。手动操作的机型以现场检漏注液为主。

（1）蒸气型溴化锂制冷机手动开车程序

1）冷却水泵和冷水泵出口阀门要处于关闭状态；分别启动冷却水

泵和冷水泵，慢慢打开泵的出口阀门，并按工况要求将水量调整至额定值。

2）机组对外（大气）的所有取样、进液、测压以及抽气阀均处于关闭状态；启动发生器泵，利用其出口阀门调节溶液循环量：对于高压发生器，液位应将铜管浸没少许，对于低压发生器，以传热管露出液面半排至一排为宜。应注意的是，调试初期，发生器液位应适当低些，以免由于发生过程剧烈而污染冷剂水。吸收器的最低液位应使溶液泵不吸空，在抽气时也不可没过抽气管，否则前者会造成屏蔽泵汽蚀和石墨轴承的损坏，后者易将溶液抽入真空泵中。

3）当液位稳定后，如果吸收器为喷淋式，启动吸收器泵使其喷淋；打开机组疏水器旁通阀；缓慢开启蒸气调节阀，按递增顺序逐步提高蒸气压力。以免引起严重的汽水冲击及对发生器产生较大的热应力。当发现凝结水管道中有较多的二次汽化的蒸汽或凝水管壁发烫时，应关闭疏水器旁通阀门。随着工作蒸气压力的提高，发生器液位要予以调整。

4）蒸发器的冷剂水充足后（一般以蒸发器视镜浸没且水位上升速度较快为准），启动冷剂泵，调整泵出口的喷淋阀门使被吸收掉的蒸气与从冷凝器流下来的冷剂水相平衡。

5）启动真空泵，抽出残余的不凝性气体。抽气要充分利用自动抽气装置。

（2）溶液质量分数的调整和工况的初测应利用浓缩（或稀释）和调整溶液循环量的方法，控制进入发生器的稀溶液的溶质质量分数和回到吸收器浓溶液的溶质质量分数。可通过从蒸发器向外抽取冷剂水或向内注入冷剂水的方法，调整灌入机组的原始溶液的溶质质量分数。

（3）调试过程中的工况测试，当初测的结果已接近标定工况值时，可以进行正式工况测试。

测试内容是吸收器和冷凝器进、出水温度和流量；冷水进、出水温度和水量；工作蒸气进口压力、流量以及进、出口温度；冷剂水密度；冷剂系统各点温度；吸收剂系统各点溶液温度；发生器进、出口稀溶液、浓溶液以及吸收液的溶质质量分数。

工况测试应不少于3种不同工况；测试过程中应将随机带来的溶

液和冷剂水报警装置调至上、下限数值。

3. 调试中出现问题的分析及处理

调试过程中，常会出现一些问题，应及时分析并予以处理。调试中一般常发生的问题是：运行不平稳、机组中发现不凝性气体、冷剂水被污染和制冷量偏低等。

4. 调试后验收

溴化锂制冷机的验收工作，从工况测试时开始。验收总则：

（1）工况测试应不少于3次。

（2）每次工况测试的过程至少应从稳定相应气压30 min后开始。

（3）在工况测试过程中，不应为了检验气密性而开真空泵抽气。

（4）测定真空泵的抽气性能和电磁阀灵敏度。

（5）屏蔽泵运行电流正常，电动机壁面不烫手（温度不得超过70℃），叶轮声音正常。

（6）自控仪器使用正常，仪表准确，开关灵敏。

第六节 制冷与空调设备零部件更换、拆卸的安全要求

一、压缩机的拆卸和清洗

1. 拆卸步骤

（1）将制冷压缩机外表面擦干净，先拆下冷却水管和油管，再卸下吸气过滤器。

（2）拆开气缸盖，取出缓冲弹簧及排气阀组。

（3）放出曲轴箱内的润滑油，拆下侧盖。

（4）拆卸连杆下盖，取出连杆螺栓和大头下轴瓦。

（5）取出吸气阀片。

（6）用一副吊栓旋入气缸套顶端的螺孔中，取出气缸套。

（7）取出活塞连杆组。

（8）拆卸联轴器。

（9）卸下油泵盖，取出油泵。

2. 拆卸注意事项

（1）按顺序拆卸。

（2）在每一个部件上做出记号，防止方向、位置在组装时颠倒。

（3）拆下的零部件，应分别放置妥当，防止丢失或漏装。

（4）油管清洗后应用压缩空气吹拭，以校验其干净度和畅通度，合格后用塑料布绑扎封闭管端、防止污物进入。

（5）拆卸和清洗安装后的设备，不可用力过猛，锤击时必须垫以软材作为缓冲；密封部分可不必拆卸。

（6）拆卸后的开口销，应换上新的。

3. 制冷与空调设备零部件的清洗

设备的清洗分为初洗和净洗两个步骤。初洗时，应先除去加工面上的防锈油、油漆、铁锈、油泥等污物，用软质刮具刮，再用细布蘸上清洗剂擦洗，然后用煤油洗，直到基本干净为止。净洗是另换干净的煤油再洗（也可用汽油，清洗后应涂机油防止生锈），以洗净为止。

设备拆卸清洗的场地要清洁，要有防火设备。清洗时，应注意防止污物污染基础。

4. 设备的装配

制冷压缩机的装配应以先拆的后装，先内后外，先装成部件后总装的次序进行。装配的零部件清洗后，应涂上冷冻机油，各部件的配合间隙应符合设备技术文件的要求。装配好后应转动灵活。各部件的间隙，可根据具体情况采用千分尺、千分表、塞尺等量具直接测量，也可用透光等间接方法测量。

所有紧固件均应均匀紧固。所有锁紧件必须锁紧。开口销、弹簧卡、石棉橡胶垫片等均应按原规格更换，连接螺纹可用氧化铅——甘油或聚四氟乙烯塑料带、密封胶等密封。

制冷压缩机的其他部件（如供液阀、电磁阀、膨胀阀等）应清洁干净，开启灵活、可靠。各指示仪表、调节仪表应经过校验。

二、制冷与空调系统的安全装置修理安全要求

1. 高低压力控制器

常用的高低压力控制器是将高压过高和低压过低保护两部分合并装在一个壳体内，其工作过程为：当蒸气压力过高达到压力控制器设定值上限时，波纹管克服高压弹簧力的作用，使顶杆推动跳板并带动微动开关动作。一方面使触点断开，电路断电，制冷压缩机停止运行，同时发出报警信号；另一方面跳脚板上凸缘被扣住自锁。工作人员应及时找出故障原因，并正确处理后按动复位按钮解除自锁，微动开关触点闭合，通电后制冷压缩机开始工作。当蒸气压力过低，低于压力控制器设定值下限时，低压调节弹簧向下推动跳脚板，并带动微动开关动作，触点变化，电路断电，制冷压缩机停止运行。低压压力控制器在吸气压力升到规定值后，微动开关重新连通电路。

压力控制器作为制冷空调设备的安全装置，本身应先做到正常、安全使用，定期校验，按规定值调压，检查刻度和电信号能否及时发出，同时还应注意波纹管和气箱是否有泄漏，发现问题及时解决，不能带故障运行，避免制冷设备及人身安全事故发生。

2. 温度控制

温度控制在制冷空调系统中，为了达到所要求的温度，不仅要求测出被测点的温度，同时在系统运行过程中为保证安全可靠、经济运行，要求对系统温度实现自动控制，即当冷库的冷藏、冻结空间，空调空间达到所要求的温度范围时，温度控制器能够自动地控制压缩机的开、停。温度控制器的形式比较多。目前制冷空调系统中常用的温度控制器有电接点压力式、波纹管（或膜盒）压力式、电子温控器。

在系统实际运行过程中，首先应注意正确使用，作为安全控制装置的压力、温度显示及控制装置。所用压力表、温度计量程不得小于最高工作压力、温度的 1.5 倍。不得大于最高工作压力、温度的 3 倍。压力表的精度等级不得低于 2.5 级。温度计的分辨能力应为 0.1℃，最大误差 ±1℃。压力表必须采用专用表，且必须有制造厂的合格证和铅封，不得使用其他压力表代替。同时，每年校验一次，安全合格才能继续使用。另外，压力表、温度计的装设位置应便于观察和操作，

避免强烈震动和冻结。刻度不清、表盘破裂不能正常指示所测量的压力、温度值，以及铅封损坏的仪表应立即更换。

3. 气液控制

为确保制冷空调设备运行可靠安全、经济运行，系统中的一些设备如液体储存设备、气液分离设备、液位显示控制装置是制冷系统中必不可少的安全保护装置。正常液位和最高液位应被显示。液位控制器主要用于控制最高液位，其液位应控制在一定范围内（高压储液器存氨率不超过 70% ~ 80%，视环境温度而定）。避免由此产生的设备事故。

玻璃式液位指示器安装有金属保护管防止破碎发生意外事故。同时，上述液位指示器应定期检查保证其安全正常工作。低压储液器除设液位指示器外，还应设报警装置，一旦出现事故能及时发出警报，使工作人员能及时处理所发生的故障，保证人身设备安全。

4. 安全阀与易熔塞

安全阀的结构常采用弹簧式，其工作原理是依靠安全阀内弹簧弹性力来平衡阀瓣脱开阀座时所承受的力，弹簧被压缩，阀瓣向上运动，说明容器内压力超过规定压力值，此时安全阀开启，一部分制冷剂气体排到大气中。当容器内制冷剂压力低于规定压力值时，安全阀关闭。另外，还有一种封闭式弹簧安全阀。它能将压力超过规定值的制冷剂液排至低压循环储液器中，既保证制冷剂的回收，也避免污染环境。

安全阀阀瓣开启度与压力容器内设计压力有关。区别于一般压力容器，制冷系统压力容器内的制冷剂，尤其是氨制冷剂对环境造成影响的同时，还会带来诸如爆炸、燃烧等安全隐患，所以安全阀设定值压力应高于设计压力的 1.05 ~ 1.1 倍。这样既能保证安全阀在受压容器内超过规定值时能自动开启，同时也避免因受压容器内压力小的波动造成安全阀的误开启操作，确保系统良好的密封和系统运行的安全。

易熔塞除了作为压力容器的高压保护装置外，还可以防止因外部火灾而出现的爆炸事故。一旦温度超过规定值，易熔塞便熔化，将制冷剂气体放到大气中，以保证人员设备安全。

5. 热交换器的修理安全

制冷系统中的冷凝器、蒸发器、冷却排管、中间冷却器等设备都属热交换设备。这些设备在运行中与制冷剂、冷却水、载冷剂水和盐水长期接触。受这些介质的侵蚀和压力、温度变化的影响，其结构可能发生变形甚至厚度减薄、管道堵塞，如忽视对这些设备的定期检查和计划修理，轻者影响制冷系统的正常运行，重者有发生事故的可能。

对于换热设备，根据有关资料介绍和实际使用情况，原则上每年应进行一次大修，每运行 700 h 后应进行一次中修。维修内容包括检查载冷剂和冷却水侧是否发生腐蚀，防腐层是否脱落，清洗管板面和传热管等。对于工作满 5 年的换热设备，大修时应选择典型传热管，如表面有腐蚀痕迹的管子，应拔出进行割管检查，决定是否需要更换。

三、冷却塔及水系统安装修理作业的安全要求

1. 冷却塔作业安全要求

冷却塔是开式冷却水循环系统的主要设备。其工作原理是利用空气将水中的一部分热量带走，使水温下降。从制冷压缩机的冷凝器中排出的循环水通过水泵送入冷却塔，主要靠水和空气的接触散热、辐射热交换和水的蒸发而降低水温。

（1）冷却塔进水必须干净清洁，及时清除残留的铁渣、污垢、杂物，以免卡住、堵塞管道或堵塞喷头，对损坏的喷头应予更换。为保持进出水畅通、防止污物积聚影响运行，每年应对将冷却塔体内外清洗一次。

（2）经常检查电动机系统、油路系统，如发现异常现象，如渗漏，传动轴、联轴器弹性圈、摩擦片损坏等，每月应添加一次润滑油，严禁减速器无油（低油位）运转。

（3）叶片磨损发出噪声应立即停机检查，排除故障，叶片应视实际冲刷磨损情况决定是否返修，保证冷却塔处于良好的运行状态。

（4）在启动冷却塔时先开动风机，然后再进水，以免造成电动机电流负荷过载而引起损坏，冷却塔停运时先关闭热水，再停风机，如进入冬季冷却塔停止运行时应检修保养，并做好防潮措施。

（5）冷却塔停机后必须把集水池及管道内水放空，尤其在冬季更应如此，冬季冰点温度下，塔易发生结冰现象，应注意进风窗等结冰问题，采取相应措施，帮助化冰。如停机时间较长，应对整塔进行检

修，确保下次运行安全正常。

（6）冷却塔塔体材料和填料等易燃，安装维修时严禁与明火接触。

2. 冷水管道安装修理安全要求

（1）冷水（载冷剂）、冷却水及冷凝水管道安装应符合现行国家标准《工业金属管道工程施工及验收规范》与《采暖与卫生工程施工及验收规范》的有关规定。

（2）管道安装前必须将管内的污物及锈蚀清除干净；安装停顿期间对管道开口应采取封闭保护措施。

（3）冷冻水管道系统应在该系统最高处，且在便于操作的部位设置放气阀。管道安装后应进行系统冲洗和水压试验，系统清洁后方能与制冷设备或空调设备连接。

（4）冷凝水的水平管应坡向排水口，软管连接应牢固，不得有瘪管和强扭。冷凝水排放应按设计要求安装水封弯管。

（5）管道与泵的连接应采用弹性连接，并在管道处设置独立支架。管道支、吊架的形式、位置、间距、标高应符合设计要求，连接制冷机的吸、排气管道须设单独支架。在保温管道与支、吊架之间，应垫以绝热衬垫或经防腐处理的木衬垫。

第五章 制冷与空调系统事故应急处理安全操作技能

第一节 制冷系统紧急事故故障判断与应急处理技能

一、制冷机房突发事故安全措施

1. 停电、停水、停气（压缩空气）

制冷空调设备的突然停电、停水和停气，由多种状况造成，有的是因为机组故障，有的是因为外部资源供应系统出现故障，还有的是因为操作人员的误操作。无论什么状况，突然的停电、停水和停气，都会给制冷系统的正常运行带来影响。突然停电、停水会使制冷循环停止，冷却设备失去作用，从而使压力容器内制冷剂压力升高，制冷循环系统中的冷却水温度升高，冷剂水温度降低（热水升温），还会造成蒸发器结冰，严重时铜管爆裂，造成制冷剂泄漏事故。有些控制器件需要气动开停，当气源突然停止供应时会造成阀门、仪表不能正常工作，使系统报警。

（1）停电

为防止因突然停电而发生事故，关键装置或设备宜采用双电源或联锁控制装置，要保持管路与工质的畅通。必要时可设置高位水箱，以保证停电后冷却水系统在短期内能正常工作。突然停电后，首先应关闭电气总开关，然后关闭高压调节站上的总供液阀，关闭各分调节站上的供液阀，随即关闭压缩机的排气阀、吸气阀。如果是双级压缩制冷系统，则应先关闭低压级压缩机的吸、排气阀，再关闭高压级压缩机的吸、排气阀，并将手动能量调节阀手柄旋转至零位，给压缩机卸载，最后按照前面所述正常停机的步骤进行操作，并做好停电、停车记录。溴化锂吸收式冷水机组在运行中突然断电的正确的处理方法是：

1）迅速关闭加热蒸汽，将动力箱电源开关及所有溶液泵和水泵的电源按钮调整到关闭位置。

2）关闭水泵出口阀门，使整个系统处于停机状态。

3）待机组恢复正常供电后，按正常启动程序，重新启动机组。

（2）停水

在检修是否水管路或外部供水以及水泵损坏等原因造成供水中断时，应立即切断电源，使压缩机停止运转。这样可以避免排气温度过高，冷凝压力超高。随后，应关闭供液阀，关闭制冷压缩机的吸、排气阀。待查明断水原因，并正确处理后，按照开机安全操作规程重新启动压缩机。

若因突然停水，制冷系统或设备的安全阀压力过高而跳开，应在重新启动压缩机前，对安全阀试压一次，合格后方可启动压缩机。

局部停水时，可视情况使系统减负荷运行。大面积停水时，系统应立即停止运行，并注意温度与压力的变化情况。如系统压力超过正常值，则视具体情况采取放空等泄压措施。

溴化锂吸收式冷水机组运转中突然冷却水断水正确的处理步骤是：

1）立即通知热力供应部门停止供应蒸汽，防止发生器中溶液浓度持续升高，形成结晶危险。

2）关闭蒸发器泵出口阀，并打开冷剂水旁通阀稀释溶液。

3）停止吸收器泵运行。

4）当溶液温度达到60℃左右时，关闭发生器泵和冷媒水泵，停止机组运行，进行停机检修。

（3）停气（压缩空气）

此时所有以压缩空气为动力的仪表、阀门都不能动作，应立即改为手动操作。有些光气防爆型电气设备和仪表也处于不安全状态，必须加强厂房内通风换气，以防止可燃气体进入电器和仪表内。

一般情况下，制冷空调设备的电气控制系统都有断电和失压保护装置，并配备了其他的综合保护功能，会使因停电、停水、停气造成的危害缩减到最小。

2. 突然局部升压、漏水

主要指受外部环境温度影响，或是设备局部缺陷造成的压力容器或管道破裂，冷却水漏水等突发紧急事件。制冷剂管道突然破裂是非常危险的。制冷剂是在密闭的制冷系统装置内循环流动，以气—液状态变化来传递热量的。如果制冷剂液体或气体在刚性密闭的容器中受热，它将难以膨胀，压力势必升高。容器中如果没有安全阀之类的自动减压装置，或调节失误，则会使容器内制冷剂的压力随温度的上升而急剧增大。在常用的制冷剂的场合下，满液后容器内液体温度上升 1℃，其压力可上升 1.478 MPa，如上升 10℃，则压力将升高 15 MPa。如此巨大的压力远远超过了一般容器的耐压承受力，所以将发生爆炸。在氨制冷系统和氟利昂制冷系统中，都发生过此类爆炸事故。所以，制冷与空调作业的安全操作非常重要，必须引起高度重视。

漏水时，应立即关闭冷水机组、冷冻泵、冷却泵。切断相关控制屏电源并做防护遮盖，避免因进水发生电气短路事故。关闭相关阀门，控制泄水量。堵住漏水点，减少跑水量，同时打开泄水阀及时泄水减压。保证集水井排水泵的正常运行，保证正常排水。清扫地面积水，同时迅速组织人员进行抢修。

溴化锂制冷机组铜管冻裂或破损时，应立即切断主机电源。并立即关停冷却水泵、冷温水泵，关闭机组所有的进出口阀门。如发生严重超压超温，则要分析原因，待问题处理后才能重新开机。

二、制冷压缩机紧急事故判断与应急处理

1. "湿冲程"的判断和应急处理

当压缩机吸入湿蒸汽时，气缸壁处出现结霜，吸气温度和排气温度显著下降，这就是压缩机的湿冲程。轻微湿冲程，一般没有液击声。当湿冲程严重时，较多液体被吸入压缩机，曲轴箱甚至排气口侧都出现结霜，压缩机发出异常的液击声，这就是压缩机的液击冲缸现象。

(1) 湿冲程故障的产生原因

1）用手动控制时，节流阀调节不当，开启度过大。

2）浮球阀失灵关不严，造成所控制的容器内制冷剂液体过多，液

位过高和分离效果降低。

3）热力膨胀阀失灵，或感温包安装错误，接触不实，导致开启度过大。

4）蒸发盘管结霜过厚，负荷过小，造成传热热阻增大，使制冷剂进入蒸发盘管吸热蒸发困难。在盐水制冷系统中，由于盐水浓度过低或蒸发温度过低，造成蒸发管上结有霜层使传热效能降低，同样使制冷剂吸热蒸发困难。这时蒸发压力明显下降，吸气过湿。

5）系统中积油过多。特别是重力供液系统的排管、搁架式排管和冰池蒸发器等，由于积油，一方面使传热系数降低；另一方面使制冷剂液体供不进去，造成液体分离器中液体过多，压力降低易引起湿冲程。

6）压缩机制冷量太大，或库房热负荷较小。由于压缩机的吸气量大于蒸发器内制冷剂的蒸发量，造成蒸发温度（压力）下降，吸气速度增大，这时容易把未蒸发的制冷剂液体吸进压缩机，引起湿冲程。

7）阀门操作调整不当。例如当压缩机启动或冷库融箱后恢复正常降温时，吸汽截止阀开启过快，使蒸发器内压力突然下降，引起剧烈沸腾和吸气速度增大，这时制冷剂液体就有可能被压缩机吸入。

8）制冷系统中制冷剂充注过多。系统中加入制冷剂过多，或热负荷突然增大，使制冷剂剧烈沸腾，液体易被压缩机吸入等原因，都有可能引起压缩机湿冲程。

9）供液电磁阀关闭不严或供液阀开启过大。

10）当氨泵、盐水制冷系统的搅拌器或冷风机的风机突然开动时，由于制冷系统热负荷增加，使制冷剂剧烈沸腾，液体易被压缩机吸入。

11）设计安装不合理。如放空器、集油器上的抽气管，直接与压缩机吸气管相连，或几个低压循环储液器并连于一根总回气管，而未设液体平衡管，由于接受库房回液的不相等，对于接受回液较多的储液器，易使与其相连的压缩机产生湿冲程。

12）在双级压缩制冷循环中当低压级吸气阀门突然关小或开大（或运转台数突然减少及增加），以及中间冷却器中蛇形盘管突然进液，这时易引起高压级压缩机的湿冲程。

（2）制冷压缩机产生湿冲程故障的危害

1）由于液击冲缸和温度急剧变化，易使阀门片击破敲坏。有时会冲破气缸盖填料，引起制冷剂外泄。

2）由于低温湿蒸汽进入气缸，使缸壁因温度降低而急剧收缩，易发生"咬缸"事故。

3）处理湿冲程时，因关小或关闭吸气阀，引起曲轴箱压力降低，易发生奔油现象，并且影响库房降温和正常生产。

4）湿冲程严重时，大量液体进入气缸和曲轴箱，易造成冷冻机油黏度增大，油压不起，使轴瓦跟曲轴烧咬，甚至发生压缩机爆裂的严重事故。

因此，在操作运转时必须避免湿冲程．一旦发生时，应加强看管，仔细操作找出原因，迅速排除。

防止湿冲程的方法，主要是根据热负荷情况，增减压缩机运转台数，注意观察低压循环储液器、中间冷却器和液体分离器中液面情况，调整供液量大小。

（3）检测制冷压缩机产生湿冲程故障的一般操作方法

由于制冷系统是由制冷机、冷凝器、蒸发器、膨胀阀以及许多设备附件所组成的相互联系而又相互影响的复杂系统，因此，一旦制冷装置出现了故障，不应把注意力仅仅集中在某一局部上，而是要对整个系统进行全面检查和综合分析。检测一般操作方法概括地说就是："一看，二听，三摸，四分析"一套基本方法。

一看：看压缩机的吸气压力和排气压力；看冷却室的降温速度；看蒸发器的结霜状态；看热力膨胀阀结霜情况。

二听：听压缩机运行的声音，应只有阀片的清晰运动声。当出现"嘡嘡"音是产生液击的撞击声；听膨胀阀内制冷剂流动声；听冷却风机运行的声音；听电磁阀工作的声音；听管道有无明显的振动声响。

三摸：摸压缩机前后轴承位的温度；摸压缩机缸套、缸盖的温度；摸吸、排气管的冷热程度。

四分析：运用制冷装置工作的有关理论，对现象进行分析、判断，找到产生故障的原因，并有的放矢地去排除。判断液击故障不是仅以吸气管道结霜情况为依据，而主要从排气温度的急剧下降来判断，这时排气压力不会有多大变化，但气缸、曲轴箱、排气腔均发冷或结霜。液击时，它可以破坏润滑系统，使油泵工作恶化，气缸壁急剧收缩，严重时可将缸盖打穿。

（4）制冷压缩机湿冲程故障的排除和恢复正常运行方法

处理液击事故应当机立断，严重时应作紧急停机处理，当单级压缩机发生轻微湿冲程时，只需关小压缩机吸气阀，关闭蒸发系统的供液阀，或设法降低容器液面．并注意油压和排气温度情况，待温度升到50℃时，可试行开大吸气阀，若排气温度继续上升，则可继续开大，如温度下降应再关小。当"湿冲程"严重时，气缸壁出现大面积结霜，这时应停止压缩机运转，根据情况关闭一些供液阀，可借助其他运转的压缩机进行抽空。在以其他压缩机抽空时，必须将气缸冷却水套和油冷却器内的冷却水放净或开大水阀，以免因结冰而冻裂，若不能以其他压缩机抽空时，可利用压缩机放油阀和放空气阀将油和氨放出，重新加油和抽真空后再进行启动。

对于双级压缩机的"湿冲程"，低压级湿冲程的处理方法与单级压缩机相同。但有大量氨液冲入气缸时，可利用高压压缩机通过中间冷却器进行降压抽空。抽空前应将中间冷却器内液体排入排液桶中，然后降压抽空。降压前应将气缸冷却水套和油冷却器内的冷却水放净或开大水阀。

中间冷却器液面过高时，高压压缩机呈现"湿冲程"，其处理方法应首先关小低压压缩机吸气阀，然后关小高压压缩机吸气阀和中间冷却器供液阀。必要时将中间冷却器内氨液排入排液桶中，若高压压缩机结霜严重时，应停止低压压缩机运转，以后其处理方法与单级相同。

为防止氨压缩机湿冲程，应在氨液分离器、低压循环储液器、中间冷却器上设液位指示、控制、报警装置。低压储液器设液位指示、报警装置。

2. 异声、超压、超温、压力表指针剧烈跳动

（1）压缩机声音异常的原因和处理

1）活塞上止点余隙过小，应重新调整达到技术要求。

2）活塞销与连杆小头孔间隙过大，应更换活塞销或小头衬套。

3）吸排气阀固定螺栓松动，有杂质进入压缩机，应紧固螺栓，更换有破损的零件。

4）活塞与气缸间隙过大或过小造成拉缸、偏磨，应及时修理，调整配合间隙，更换零件。

5）气缸与曲轴中心连杆不正，应及时修复。

6）制冷剂液体进入气缸产生液击现象，应调整蒸发器的供液量。

7）活塞销缺油、润滑油中有杂质，应加大润滑油压力，满足供油要求，声音较大时还应及时换油。

应注意的是，液击是指气缸内进入制冷剂液体，在很小的空间瞬时蒸发，并在气缸内产生较高压力发出"当当当"的敲击声。在处理过程调整供液量的同时，还应注意油压、油温的变化，如果油压达到 0 MPa，必须停止运行，以免因润滑油润滑情况恶化，使机件发生磨损。

压缩机异常声音其他来源，还有飞轮的键槽与键间隙过大，皮带太松，联轴节的弹性圈磨损。上述问题，应按技术要求解决或更换有关零件。

（2）制冷系统超压的原因和处理

在氨制冷系统和氟利昂制冷系统中，都有过因超压超温发生的爆炸事故。在安全保护装置失灵情况下设备、管路压力超过其所能承受的压力而爆破，设备或管路中的制冷剂喷出并急剧膨胀，释放巨大能量而发生爆炸或引发火灾和中毒事故。所以，制冷与空调安装维修作业的安全操作非常重要，必须引起高度重视。

制冷剂是在密闭的制冷系统装置内循环流动，以气—液状态变化来传递热量的。如果制冷剂液体或气体在刚性密闭的容器中受热，它将难以膨胀，压力势必升高。容器中如果没有安全阀之类的自动减压装置，或调节失误，则会使容器内制冷剂的压力随温度的上升而急剧增大。

发生超压、超温事故的部位主要有压缩机、冷凝器、蒸发器以及整个制冷循环系统，一般处理方法有以下几种：

1）压缩机排气温度过高。其可能的原因有：

①冷凝温度过高，引起排气温度过高，应加大通风量或水量，以及清除水冷冷凝器的水垢、风冷冷凝器表面的灰尘，提高冷却效果。

②系统中多余的不凝性气体（空气）使得排气压力升高，应放出多余的空气。

③气缸余隙容积过大，应按技术要求调整余隙。

④气缸冷却水套水量不足或断水，应加大水量或查出断水原因，及时供水。

⑤蒸发温度降低，使蒸发压力降低，压缩比增大，排气温度升高，应调整蒸发温度到规定范围。

2）油温过高

①润滑油使用时间长而变质，应及时更换润滑油。

②运动部件装配间隙过小，应按技术要求调整好间隙。

③曲轴箱冷却器供水不足，应检查水路和水阀并及时处理。

3）吸气温度过高

①制冷剂不足或节流阀开启度小，应调整供液量。

②吸气管绝热层破坏，应更换隔热材料。

③吸气阀片破损或漏气，应更换或检查、研磨阀片。

4）油压过高

①油压调节阀未开或开启太小，应开大调节阀，将油压控制在合理范围之内。

②油路系统有堵塞或调节阀芯被卡死，应及时处理，恢复油路畅通。

5）曲轴箱压力过高

①活塞环密封不严，造成泄漏，应检查修理或更换。

②气缸套与机座密封不严，应修理或更换阀片。

③曲轴箱内进入制冷剂，其内部压力发生变化，应进行抽空处理。

6）系统冷凝压力过高

①冷凝面积小，冷凝器内存有空气，应增加冷凝器换热面积，及时放出系统中的空气。

②水冷系统故障，如水量不足、水温过高、冷却水分布不均等，

应仔细检查；增加水量，采取降温措施，调整配水器，提高换热效果。

③风冷冷凝器风机不转，应检修风机，恢复其正常工作。

④冷凝器管内壁水垢太厚，应定期清除，改善换热条件。

⑤冷凝器内存液过多，应排出多余制冷剂液体。

7）蒸发压力过高

①热负荷过大和压缩机制冷量低于实际要求热负荷，使蒸发压力过高，应降低热负荷，增加压缩机台数。

②供液量过多，蒸发压力过高，应减少供给制冷剂液体。

③能量调节装置故障和压缩机效率降低，应检查故障原因并修复。

8）冷间温度过高

①被冷却、冻结物品量大，制冷能力达不到，因此应减少冷间的货物量。

②系统中制冷剂不足，制冷量小，应及时加注制冷剂。

③温度控制器失灵、热力膨胀阀感温包内工质泄漏，应检修或更换。

④冷间的门开启频繁或关闭不严，应检修门并控制开启门的次数。

⑤制冷系统中过滤装置局部阻塞，应清洗滤网更换过滤器。

9）中间压力过高

①中间冷却器内的制冷剂液体太少，使低压机排出的气体不能充分被冷却，因此应增加中间冷却器供液量，控制中间压力符合要求。

②蒸发压力过高，应调整回气阀门开启度。若热负荷过大，应增加压缩机。

③高、低压缩机配比较小，应调整高、低压缩机配比使之达到合理范围。

④中间冷却器蛇形盘管泄漏，应停止系统运行，检查、修复后再使用。

3. 制冷系统超温和压力表剧烈摆动的原因和处理

超温主要是指压缩机和冷凝器温度升高，一般来说，制冷系统的超压都会带来超温现象，所以在处理超压的同时也就处理了超温，但也有的超温并不完全是因为超压造成的，实际处理中要仔细分析原因，其中，系统中存在不凝性气体是引起超压超温和压力表剧烈摆动的一个重要因素。

制冷系统中的不凝性气体主要是系统中由于抽真空不彻底残存的、低压设备渗入的空气，此外，还有制冷剂、润滑油高温下分解出少量不凝性气体。这些气体在冷凝器和高压储液器内不能液化，将降低冷凝器的传热效果，使冷凝压力及排气温度提高，压缩机制冷量减小，耗电量增加。从排气压力表指针剧烈摆动以及排气温度和冷凝压力高于正常值可判断出。

4. 制冷系统冰堵或脏堵

（1）制冷系统冰堵与脏堵的原因

1）冰堵。冰堵常常发生在膨胀阀或毛细管等节流装置部位。其原因是制冷剂中含有水分，当制冷剂液体流经膨胀阀或毛细管时，制冷剂液体压力急剧下降，蒸发温度随之下降，一般系统蒸发温度低于0℃，因此制冷剂中的水凝结成冰，部分或全部堵塞膨胀阀的阀孔或毛细管的管路。冰堵故障现象是制冷剂流量急剧减小，制冷量下降，蒸发器及回气管霜层融化，冷间温度提高，同时由于制冷剂流动阻力增加，甚至不能流动，使压缩机排气压力提高，甚至因过载而停机。但当冷间温度再提高，使得膨胀阀或毛细管温度高于0℃时，冰随之融化，系统将恢复运行。系统水分不去除，此现象会重复发生。

2）脏堵。脏堵是由制冷剂中的杂质引起的。杂质使系统管路上的阀件、干燥器、过滤器、膨胀阀进口滤网等处发生堵塞现象，使制冷剂循环不能正常完成，甚至不能制冷，同时还有可能因此造成排气压力高。在压力控制器失灵的情况下，有可能因系统超压而发生设备、人身事故。因此，必须清除系统中的污物，保证制冷系统的安全运行。

另外，当温度低于 -60℃时，在膨胀阀孔处会发生油堵。其原因是润滑油的凝固点较高，溶解于制冷剂中的润滑油，经过阀孔被节流后的低温部分析出，并呈稠状粘在阀孔上造成堵塞。此时应停机，更换润滑油，以保证系统正常运转。

（2）制冷系统冰堵与脏堵的处理

为保证系统正常安全运行，常采用干燥过滤器吸收系统中的水分。干燥过滤器内装有干燥剂，两端有过滤网，直接接入制冷循环管路中，接入时可水平或垂直安装。为更换干燥剂方便，有的大型装置只在出口端安装过滤网。干燥过滤器使用一段时间后，其外壳有露水或结霜，说明干燥剂已经饱和，应及时更换干燥剂。同时，应注意防止制冷剂泄漏和空气、水分进入系统，影响制冷系统安全运行。

一般可采用定期清洗或更换干燥过滤器、滤网、阀件的办法排除脏堵，主要任务是排除系统各设备、连接管道内的铁锈、灰尘等，避免脏堵发生。脏堵处理的过程也就是制冷系统排污的过程，尤其是在安装维修结束时，更要排除管道焊接时所残留的焊渣、铁锈、其他污物。目的是避免这些杂质污物被压缩机吸入气缸内造成气缸或活塞表面产生划痕，加大磨损，甚至敲缸等事故。同时也可防止污物堵塞系统的节流装置，影响制冷系统安全正常工作。

制冷系统设备较多，管路复杂，常采用分段排污法排污。排污口设在各段的最低处，以便排污更彻底，保证系统安全运行。

1）氮气或压缩空气排污。把压力为 0.6 MPa 的干燥氮气或压缩空气充入排污系统，待系统压力稳定后，迅速打开排污阀，借助带压气体的急剧冲力排出系统内的污物、焊渣等杂质。这样排污进行多次，可达到排净系统的目的。这是带压操作。为避免污物对人的伤害，操作人员不可面对排污口。

2）压缩机自行排污。若无可供使用的干燥氮气或压缩空气设备，但又必须对系统排污，可以采用系统内的压缩机自行排污。排污过程：先将压缩机吸入阀过滤器拆下，用过滤布包扎好入口，使空气过滤后被吸入。启动压缩机，逐渐升高压力，排气压力控制在 0.6 MPa 左右。这样排污进行多次，直到系统干净为止。

第二节　制冷系统紧急事故应急防护处理技能

一、制冷剂大量泄漏

1. 氨突然泄漏的紧急处理

作为制冷剂，氨对人体有毒害作用，而且易燃易爆，氟利昂虽无毒但对皮肤有害，浓度过大会使人窒息，大量泄漏的制冷剂还可造成冻伤，甚至引发火灾、爆炸等事故，造成设备人身事故。因此，操作人员一定要时刻注意系统中的设备与管道、阀门等的气密性，严格按照有关的安全技术操作规程进行操作，并且定期接受安全教育。

（1）氨制冷剂大量泄漏处理，现场操作人员遇到氨制冷剂大量泄漏时，应迅速穿戴好防护用具，如防毒衣、防毒面具、橡皮手套等，同时保持冷静，以免误操作使事故进一步扩大。进入漏氨现场，应尽快正确判断漏氨情况，并及时处理。同时，应向现场大量喷水稀释泄漏的氨。

（2）高压管道、设备漏氨应马上使压缩机停机，切断漏氨部位与有关设备连接的管道。待氨全放空后，找出漏点，焊补并打压试漏合格方可继续使用，否则应予以更换。

（3）低压管道、设备漏氨应迅速检查管道、设备找出漏点，关闭低压设备的供液阀，调整相关的阀门。漏点不大时，可用管卡卡住漏点；若漏点较大，则开风机排掉氨气，同时喷醋酸溶液中和氨气，使氨气浓度迅速下降。然后补焊漏点或更换相关管道或设备。

2. 氟利昂制冷剂泄漏的紧急处理

氟利昂制冷剂虽无毒，但大量泄漏会使现场操作人员呼吸困难甚至窒息，还会伤及人的眼睛和皮肤。因此，人员进入泄漏现场前，应穿好防护服，并戴好供氧防毒面具、橡胶手套，配备抢修工具。应及时判断漏氟情况，并正确处理。

（1）寻找氟利昂泄漏点，切断泄漏源，开启排气扇，打开门窗，迅速排出氟利昂气体。

（2）切断泄漏源，快速通风，并立即夹紧能被封住的漏点（如给管道打卡子夹紧管道漏点），制止泄漏。

（3）若发现有操作人员呼吸困难或窒息，应快速将患者转移到室外空气新鲜处，进行紧急救治，严重的送医院抢救。

另外，在加注制冷剂时由于胶管老化、质量问题，管接头管卡不牢造成脱落、破裂造成制冷剂突然泄漏，以及压缩机液击产生设备破裂，发生制冷剂大量泄漏时，应迅速切断制冷剂供液阀，关闭制冷剂瓶上的截止阀，按紧急事故处理操作规程操作，确保人身、设备安全。

二、制冷剂中毒、窒息、冻伤的处理

1. 中毒、窒息、冻伤

(1) 中毒

制冷剂氨是一种有毒的气体，用得较多，泄漏后若不发生燃烧爆炸，就有可能被人体吸入，出现咳嗽、憋气、流泪、咽喉肿痛等症状。如氨气体积分数很高，则可出现口唇指甲青紫、头晕、恶心、呕吐、呼吸困难甚至死亡。长期少量吸入氨气可引起慢性中毒，引发慢性支气管炎、肺气肿等呼吸系统疾病。常温下氟利昂有轻微毒性，但在与80℃以上的火焰接触时则会产生剧毒的光气。

使用氮气进行系统置换和试压时，若大量泄漏且被人体吸入，由于周围氧气被氮气（惰性气体）所替代，便会造成机体组织供氧不足，从而引起头晕、恶心、调节功能紊乱等症状。缺氧严重时导致昏迷，甚至死亡。

气瓶泄漏会使检修人员接触高浓度的乙炔，导致中枢神经抑制。乙炔有类似醉酒的作用，一次大量吸入可引起昏迷甚至死亡。

(2) 窒息

因制冷剂泄漏造成作业场所空气中制冷剂含量较大时（如氟利昂30%），或因氨制冷剂引发火灾使空气中的氧含量很低时，人会窒息，引发伤亡事故。

(3) 冻伤

泄漏的制冷剂或维修操作时液体制冷剂溅落到人的皮肤上，瞬间蒸发吸收热量，会造成冻伤。轻者表皮脱落，重者肢体坏死。氨等引起的冻伤通常伴有化学烧伤。液体制冷剂与人体接触时会造成冻伤。

2. 中毒和冻伤的预防

(1) 防止系统和储存容器泄漏

检修人员因与氨、氮、乙炔等有毒有害气体接触造成中毒、窒息，以及与液态制冷剂或腐蚀性物质接触引起冻伤、化学灼伤等，主要是由系统和储存容器泄漏造成的。因此，使系统和储存容器处于良好的密封状态，做到不泄漏至关重要。

低温制冷系统中使用的载冷剂温度很低，使用中应采取防护措施，避免冻伤。有机载冷剂如甲醇、乙醇易燃烧，所以在使用场地应设置消防器具，并设置通风换气装置。

（2）个人防护

在有毒有害环境中工作的操作与维修人员，做好个人防护与卫生工作，对防止、减少中毒和冻伤事故的发生是十分重要的。应根据作业场所的工作性质，穿戴好必要的个人防护用品，如防毒面具、防酸碱和低温的工作衣帽、手套、面罩和胶靴等，一旦遇到有毒及腐蚀性物料泄漏溢出，则可以起到隔绝和限挡作用，防止人体受到伤害。

（3）制冷剂中毒、窒息、冻伤的处理

制冷机房、维修工作场所要具备通风设施，发现制冷剂泄漏，或感觉有较强刺激性气味时，应立即启动紧急排风装置并将人员撤至上风处，并在随后时间查找漏源排除泄漏。

1）迅速将中毒者移到空气新鲜处，松解衣扣和腰带，保持呼吸畅通，注意保暖。立即对中毒人员进行检查，看其神志是否清晰，脉搏、心跳是否正常，有无出血和骨折，是否有化学冻伤和烧伤。

2）除对中毒者进行抢运外，同时尽快查出泄漏点，及时采取措施控制氨气继续泄漏。

3）当氨液溅到衣服和皮肤上时，应立即把被浸湿的衣服脱去，用水或2%的硼酸水冲洗皮肤，水温不得超过46℃，切忌干加热，当解冻后，再涂上消毒凡士林或植物油及万花油。

4）若眼睛被污染必须就地用清洁水或生理盐水或2%的硼酸水进行冲洗，冲洗时眼皮一定要翻开，患者可迅速开闭眼睛，使水布满全眼，然后请医生治疗。

5）对于鼻腔和咽喉处理，可用滴鼻瓶滴入2%硼酸水漱口，并可喝大量的0.5%柠檬酸水。

6）发生液氨冻伤后，复温是急救的关键，快速复温的方法是采用40~42℃的恒温热水或2%的硼酸热水浸泡，使被冻肌体在15~30 min内温度提高到接近正常体温。在冻伤不太严重的情况下，还可以对冻伤部位进行轻微的按摩，促进血液循环，使冻伤部位升温。但不要将冻伤部位划破，以免增加感染机会。

7）当呼吸道受氨刺激较大且中毒比较严重时，可用硼酸水滴鼻漱口，并给中毒者饮入0.5%的柠檬水（汁）。但切勿饮白开水，因氨易溶于水会助长氨的扩散。

8）氨中毒十分严重，致使呼吸微弱或面色青紫，甚至休克、呼吸停止时，应立即进行人工呼吸抢救并给中毒者饮用较浓的食醋，有条件时要立即输氧。

三、制冷系统发生紧急抢修状态时的处理

1. 制定严格的防火、防爆措施

（1）消除导致燃烧爆炸的物质条件

1）安装维修过程中应尽量不用或少用易燃和可燃物质。这是工业防火防爆的根本性措施。不用可燃物质往往不易做到，但限量使用可以做到，如安装维修中使用的清洗剂。切不能以车用汽油代替溶剂汽油或煤油，同时也应尽量少领少用，废油不可乱倒乱放。

2）循环设备应尽可能密闭。已密闭的带压容器或管道要防止泄漏，负压设备应防止空气渗入。特别要防止设备材料老化、突发性外力破坏、密封部件损坏及误操作等因素引起的有毒工质外泄和空气内漏。

3）加强通风换气。对于某些无法密闭的，有可能存在可燃气体、蒸气的场所，如设备的安装检修现场，要有良好的自然通风，或是设置强制性的机械通风装置，以降低空气中的可燃物浓度，将其严格控制在爆炸下限以下。

4）设置检测报警装置。在可能发生燃烧爆炸的危险场所，设置可燃气体检测报警仪，一旦可燃气体的环境浓度超标即发出警报，以便采取紧急措施予以防范。

5）惰性介质保护。在存有易燃易爆物料的装置中，加入如氮气、二氧化碳、水蒸气之类的惰性气体，使可燃气体浓度及氧气浓度下降，从而降低或消除燃烧爆炸的危险性，起到保护作用。在氨制冷系统中，惰性介质（氮）的使用范围有：在残余可燃气体（氨）处理过程中加入惰性气体保护；采用惰性气体（氮气）压送易燃液体；对具有燃烧爆炸危险的工艺装置、储罐、管线等配备惰性介质（氮气）系统，以备发生危险时使用；有燃烧爆炸危险的工艺装置、设备停车检修时，

可用惰性气体（氮气）冲洗置换；危险物料泄漏时用惰性介质（氮、二氧化碳）稀释，发生火灾时可用惰性气体（氮、二氧化碳）灭火。

6）其他防范措施。对燃烧爆炸危险物的储存、保管、运输，应根据其特性采取有针对性的防范措施。

（2）消除或控制点火源

常见的引火源分为四大类，参见表5—1。

表5—1　　　　　　　　　　　　常见引火源分类

类　　别	引火源举例
机械引火源	撞击、摩擦、绝热压缩
热引火源	高温表面、热射线（日光）
电引火源	电火花、静电火花、雷电火花
化学引火源	明火、化学分解、发热自燃

消除或控制点火源的措施如下：

1）防止撞击、摩擦产生火花。机器转动部件摩擦，铁器互相撞击或打击混凝土地面，带压管道或钢制容器裂开后工质高速喷出与器壁摩擦等，都可产生高温或火花，成为燃烧爆炸的起因。因此，在易燃易爆危险场所应采取相应措施防止这类机械火源的产生。

2）防止高温表面成为火源。如高温设备及管道，通电的白炽灯泡，机械摩擦导致发热的转动部件等。如可燃物与这些高温表面接触时间较长，就可能被引燃。为此，高温表面应采取保温、隔热措施；可燃气体排放口应远离高温表面；经常清除高温表面污垢，防止有机物的分解、自燃。

3）隔绝热辐射（日光）。直射的太阳光经凸透镜、圆形玻璃瓶、有气泡的平板玻璃等会聚集形成高温焦点，有可能引燃可燃性物质。为此，有爆炸危险的厂房和库房必须采取遮阳措施，将窗玻璃涂上白漆或采用磨砂玻璃。

4）防止电气火花。因电气火花引发的燃烧爆炸事故在该类事故中占有相当大的比例。电气方面形成的火花和火源，一般是指电器开关合闸、断开时产生的火花电弧，或由于电气设备短路、过载、接触不良或其他原因产生的电火花、电弧或过电流高温。为避免产生上述现象，应采取相应措施。

5）消除静电火花。静电是指相对静止的电荷，是一种常见的带电现象。在一定条件下，两个不同物体（其中至少有一个为电介质物体）相互接触、摩擦，就可能产生静电并积聚起来，产生高电压。若静电能量以火花形式放出，则可能成为引火源，引起燃烧爆炸事故发生。因此，应在系统设备及管道的适当位置安装接地装置，使静电电荷向大地释放，做到无害化消除。

6）防雷电火花。雷电是自然界中的静电放电现象。雷电所产生的火花温度之高可熔化金属，也是引起燃烧爆炸事故的重要原因。防雷装置则是利用其高出被保护物的突出位置，把雷电引向自身，然后通过引下线和接地装置，把雷电泄入大地，以避免引爆易燃可燃物质并保护人身或建（构）筑物免受雷击。

7）防止明火。安装检修作业过程中的明火主要是指加热用火、维修用火以及其他火源。工艺装置尽可能避免采用明火，应以无明火的热载体如蒸汽、热水、导热油等进行间接加热。如必须使用明火设备时，必须与可能发生爆炸危险的区域隔绝。维修用火是安装检修作业过程中引起燃烧爆炸的主要原因之一，因此，一般都对其制定了严格的管理制度，并认真贯彻。对于其他明火，如燃着的烟头、火柴、烟囱飞灰、车用内燃机排气管尾气等，都可能引起可燃物的燃烧爆炸，需对其采取相应安全措施。

2. 制冷设备火灾、爆炸的紧急处理

（1）立即报警

发生火灾爆炸的突发事故时，首先要立即报警，同时通报给相关负责人，按照"应急预案"的要求组织扑救和进行设备的应急处理。控制火势蔓延，确保消防设备、设施正常使用。并提供应急照明措施，避免造成局面失控。如已发生爆炸，所有人员必须立即撤离现场，以免发生更严重的人员伤亡事故。

（2）组织扑救

当现场发生火灾后，除及时报警外，应立即组织员工进行扑救，根据现场火势，启动火灾自动报警装置或固定灭火装置灭火。扑救火灾时按照"先控制、后灭火；救人重于救火；先重点后一般"的原则。初起火灾，在具备扑灭火灾的条件时，展开全面扑救。对密闭条件较好的室内火灾，在未做好灭火准备之前，必须关闭门窗，以减缓火势蔓延。

对于不能立即扑救的要首先控制火势的继续蔓延和扩大，并针对具体火源和起因采取必要措施防止发生爆炸事故。

（3）切断电源

首先紧急切断电源，接通消防水泵电源。然后采取紧急隔停措施，隔离火灾危险源和重要物资，充分利用现场中的消防设施器材进行灭火。

（4）分别处理

对蒸汽型溴化锂吸收式冷水机组首先要切断电源。然后迅速关闭热源手动截止阀。机组正在抽空时，要立即关闭抽气阀。在重新启动机组前，应检查机组是否结晶，是否安全；对蒸气压缩式制冷系统，当火灾等重大事故发生时，条件容许的情况下应使用紧急泄氨器将制冷系统中的氨液与水混合；稀释成氨水溶液迅速排入下水道。要保证人员、设备安全。需要紧急泄氨时，先开启紧急泄氨器的进水阀，再开启进氨液阀，氨液经过布满小孔的内管流向壳体内腔并溶解于水中，成为氨水溶液，再由排泄管安全地排放到下水道中。

（5）做好防护

在扑救火灾燃爆险情的同时，要做好个人防护，在灭火时，应防止被火烧伤或被燃烧物、泄漏的制冷剂所产生的气体引起中毒、窒息，随时注意防止引起爆炸。扑救人员应尽可能戴上防毒面具及绝缘手套，穿上橡胶绝缘鞋，以防中毒、触电等对生命造成威胁。

（6）保护现场

当火灾发生时和扑救完毕后，要保护好现场，维护好现场秩序，等待对事故原因及责任人的调查。同时应立即采取善后工作，及时清理，将火灾造成的垃圾分类处理并采取其他有效措施，从而将火灾事故对环境造成的污染降低到最低限度。

3. 发生紧急抢修状态的安全要求

（1）制定紧急应急预案，可以使制冷设备发生事故时，及时、有效、准确、迅速地控制事故的发展，并能于第一时间内排除隐患，减少国家、企业的财产损失，保障人民群众生命安全。

（2）出现紧急状态时，操作人员一定要沉着冷静，必须正确判断事故情况，确定关闭阀门，以免乱开或错开机器设备上的阀门，导致事故进一步扩大。

（3）设备机房应设立漏氨自动报警系统，与制冷设备的电气控制系统联动控制，出现突发事故时可以自动紧急停机。

（4）突然停电后（特别是在氨制冷场合），应立即穿好防护服，紧急判断故障原因，并加以正确处理，故障排除后，恢复系统运行。

第三节　制冷与空调装置安装修理作业 典型事故案例分析

一、爆炸事故

1. 压缩机爆炸事故

（1）事故过程

某医院中央空调机房，一台 4FV12.5 冷水机组（工质为氟利昂）检修后试机过程中，开机后即见火花冒出，随即整个机组发生强烈爆炸，现场 5 人，死亡 1 人，重伤 4 人。机房炸塌被毁；附近居民点受强烈震感。

（2）事故原因

当机组检修后，检修人员（即死伤操作工）为排除机内空气，在无氮气情况下擅自决定充氧排气，纯氧具有强烈的助燃作用，氧气与机内冷冻油接触后，加速冷冻油的氧化反应，同时又大大降低冷冻油燃烧闪点，当压缩机启动后，传动副摩擦造成的局部高温超过油燃闪点时引发氧气燃爆，导致整机爆炸。

（3）预防措施

排除机内空气可使用氮气或压缩空气。压缩空气应经过干燥处理，无条件时可采用空气压缩机或系统中的某台制冷压缩机来产生压缩空气。对于氟利昂系统应使用氮气吹污排气。制冷压缩机压缩空气时，排气温度升高很快，应停停升升，控制压缩机的排气温度不超过允许值。对制冷机组吹污的过程亦即排气过程，无论在任何情况下绝对不允许使用氧气。

用氮气时应在氮气瓶与系统间安装减压阀；如采用空压机，则采用双级机。压力试验或排气时要求采取的安全措施有：

1）用压缩机压缩空气时，排气温度不得超过 120℃，油压不高于 0.3 MPa。

2）压缩机进、排气压力差不允许超过其限定工作条件 1.4 MPa。

3）不允许关闭机器和设备上的安全阀。高压系统试压时，可将低压系统的气体输送至高压系统，以防止低压系统压力超高、安全阀开启。

4）系统试压时应将氨泵、浮球阀和液位计等有关设备的控制阀关闭，以免损坏。

2. 压缩机曲轴箱爆炸事故

（1）事故过程

某市渔业公司冷冻厂内，制冷安装公司在安装冻结库的设备过程中，由于违反安全操作规程，引起制冷压缩机曲轴箱爆炸，造成现场作业的 5 名工人伤亡，其中 1 人被炸得血肉模糊、惨不忍睹，当场不幸死亡，其余 4 人受重伤，烧伤面积达 60%～80% 以上，损失惨痛。

（2）事故原因

事故发生的原因是在制冷压缩机试压时，用氧气代替氮气试压，致使压缩机曲轴箱润滑油发生剧烈的氧化反应，在 3 min 内润滑油产生自燃，随即一声沉闷的爆炸声，压缩机曲轴箱炸得四分五裂，门窗玻璃全部震坏，室内燃起大火。

（3）预防措施

这起重大事故的肇事者，缺乏最基本的理论知识，竟然用氧气代替惰性气体氮气来试压，属于严重违章作业，导致发生了重大事故，给国家财产和人身安全带来了不应有的重大损失。

从这起制冷压缩机曲轴箱爆炸事故得出的教训是：施工人员除了熟悉管道和设备的安装技术外，还必须具备一定的理论知识。另外还必须加强对制冷操作人员和设备安装人员的系统培训，未经培训的应一律不准上岗。有关部门单位必须对事故的危害性提高认识，建立健全安全制度，杜绝类似事故的再次发生。

3. 违规焊接爆炸事故

(1) 事故过程

某厂因低压循环桶下部集油管杂质引起堵塞，打算气割扩口作业。气割时突然发生爆炸，炸开下部法兰，喷出的火焰将气割工头发、眉毛都烧焦。

(2) 事故原因

气割前虽事先关闭各进出阀及进行排空操作，但由于桶内壁及底部粘满混有氨液的油污，桶内混合气体含氨比例较大，氨遇明火发生爆炸。

(3) 预防措施

为了防止意外，制冷系统的受压容器维修焊接，事先应充分排空存氨，最好用大量水冲洗后再进行。

二、设备损坏事故

1. 压缩机缺油引起电动机击穿

(1) 事故过程

某厂在新建的装配式冷库分别采用了 R22 和 R502 的制冷系统。工程中选用的机组为半封闭压缩冷凝机组。当系统安装完毕，经过试压、检漏、排污和工质充注以后，即开始对系统进行调试运行。经过数天的间歇运行，忽然有一次引起热继电器动作使压缩机停机。调试人员将继电器保护电流稍许调大，再次接通电源，立即引起空气断路开关跳闸，仅见机头上的冷却风扇偏转动作一下，未见压缩机动作，拆机后发现电动机有一处击穿，多处擦伤。

(2) 原因分析

对机器和电路作外观检查，发现视镜油已下降至最低线以下，在确认机组除电动机三相线路有不平衡之外，其他线路均正常后。关闭吸、排气阀并使机内工质放空再次瞬间通电，机器仍不动作而空气断路开关仍立即跳闸。于是松开机头螺栓，取下缸盖和阀板，发现缸内一侧有明显发黑痕迹，活塞处于行程中间偏上位置，擦净缸壁可见拉毛痕迹。拆开非电动机一侧主轴承盖，发现轴衬内表面也有擦伤痕迹。只能将机器吊下做全面拆检和修理。此后进一步拆检发现电动机侧吸气通道内有不少系统垃圾诸如氧化皮、焊渣、金属碎屑等。电动机有一处击穿，多处擦伤。

（3）预防措施

事故案例反映出工作中的疏忽粗心。为了避免今后重犯这种事故，新的制冷系统在安装过程中必须严把清洁关，安装完成后严格遵守试压、排污、真空检漏、加油加工质等必要程序，调试过程中注意更换干燥过滤器。氟利昂制冷系统固然在系统设计时要精心考虑运行过程中润滑油能返回压缩机的问题，而新系统在管路较长的情况下，调试过程中更不应忘记及时补充添加润滑油。

2. 制冷压缩机进水造成轴瓦烧坏事故

（1）事故经过

某厂制冷操作工在操作制冷系统时发现氨制冷压缩机吸气压力与蒸发器压力压差太大（0.2 MPa）。通过分析认为可能是压缩机吸气过滤器堵塞引起。操作工停机后通知维修工处理。维修工便开始着手对机组进行排氨工作，用胶管从压缩机的排气嘴引至水沟排放。为使机组能及早投入使用，还启动本身机组进行抽空排氨。吸气过滤器经过清洗装复后立即开机抽空，接着投入运行，10 min 后压缩机还未投入满负荷工作，就发现油温急剧上升；用手触摸两端主轴承和曲轴箱体发烫；从视油孔观察油呈乳白色，当时油压比吸气压力高 0.2 ~ 0.5 MPa，但油压不稳定。操作工当即停机检查。

经拆机检查发现，曲轴箱内的冷冻机油混有大量水分；连杆大头轴瓦和两端轴承已全部烧坏。

（2）原因分析

该机大修后投入运转使用三个月一切均正常，只是在清洗吸气过滤器后投入使用时造成轴瓦烧坏。压缩机轴瓦烧坏的主要原因是由于有水进入曲轴箱，使压缩机的润滑条件恶化造成的。那水是怎样进入曲轴箱的呢？对压缩机的冷却管路进行检查，特别对油氨分离器的水冷却套、曲轴箱的油冷却器进行水压检验，均未发现有漏水现象，从而否定了压缩机冷却系统的水进入曲轴箱的可能性。最后，从维修和操作方面去分析，才发现事故是由维修工工作疏忽造成的。

维修工对机组进行排氨时，用胶管从压缩机的排气嘴引至水沟排放，而且还开启本身机组进行抽空。当抽空完毕后维修工没有把排气嘴关闭，排氨用的引管又没有从水沟抽出，而这时压缩机内已处于真空状态，恰好这时维修工又因为去拿工具，以致耽搁了 10 min才开始拆下压缩机吸气过滤器清洗。于是水沟里的水在大气压力的作用下通过排氨用的引管进入压缩机的排气腔进入排气阀片、吸气阀片、吸气腔再进入曲轴箱，使曲轴箱进水，导致压缩机运行时轴瓦烧坏事故。

（3）预防措施

必须加强对操作工和维修工的教育，增强维修人员的责任心、安全意识，执行必要的岗位培训考核制度，使他们在业务技术上得到进一步的提高。

三、有毒制冷剂泄漏事故

1. 维修意外漏氨事故

（1）事故过程

某厂按照压力表年检的规定对所有压力表进行了一次全面彻底的更换校验。在更换校验过程中由于拆检人员对系统不十分熟悉，发生了一些本不该发生的事故。当对系统低压循环储液桶下部氨泵进液压力表（氨泵吸入压力表）进行拆卸校验时，拆检人员首先关闭压力表阀，然后松动压力表表头将氨压力表中余氨放净，待氨压力表指针下降至与大气压力相等后，稍等片刻后即拆下氨压力表。此时故障发生，大量氨液从氨压力表阀向外喷射，当时由于低压循环储液桶内压力尚有 0.3 MPa，喷液外液柱高度达 2 m，当时整个设备间充满很浓的氨气味，附近周围尤其是下风地带弥漫阵阵浓氨气，所幸当时拆检人员均戴有胶皮长袖套及防毒面具等，在短时间内迅速撤出了现场，才未造成人员的伤害事故。

抢险人员戴上防护用品从上风方向接近事故现场，果断将低压循环储液桶至氨泵过滤器之间的 Dg50 的截止阀关闭，以减少氨液喷射的来源，然后关闭氨泵出液及抽气等有关阀门，对喷氨处喷射大量的水来稀释氨液，再用大功率风机对整个设备间进行排风换气（从上风方向吹风），防止了事故的进一步蔓延，终于在 40 min 内排除故障，化险为夷。

（2）事故原因

事后对事故现场进行了仔细的清理检查，发现氨泵吸口压力表阀并未完全关死，至此故障原因查明。据分析因氨泵吸入口压力表阀口长期处于低温潮湿条件下，Dg6 阀门锈蚀比较严重，而当拆检人员关闭此阀门由于锈蚀使阀门并未关死，而检查拆下的压力表下口尚有安装压力表时残存的生料带丝粘于下口，可能是当拆检人员关闭表阀时由于已拧不动误以为阀门已关死，当松动压力表时残存生料带丝及部分冷冻油杂质因在低温下结蜡而堵在压力表阀口，当松动压力表时，压力表内残存氨气跑入大气。压力表压力下降与大气相等而造成判断失误。当完全拆开压力表时，堵在压力表阀口的杂质突然松动，两处压差达 0.3 MPa 而造成大量泄氨事故。

（3）预防措施

1）平时必须经常检查压力表阀的关闭可靠性。

2）今后拆检压力表时最好在拆卸前将氨液主出口阀门关闭，还必须注意关闭压力表阀处与系统联系的其他有关阀门，放净残存氨液（气）后再完全拆开压力表使之脱离系统。

3）注重操作、拆检人员业务技术水平的提高，熟悉拆检氨系统的流程，管道走向及应变突发事故的能力。

4）拆检仪表时必须有维修人员及仪表拆检人员共同参加，配备各种安全用具，并能正确使用，以避免上述事故的再次发生。

2. 阀门未关紧引发氨气泄漏事故

某日晚 10 时许，一制冷工厂发生氨气泄漏事故。事发突然，员工来不及取防毒面具，一股刺鼻的味道就扑鼻而来，在确定是氨气泄漏后，消防官兵戴上防毒面具进入工厂内部查找泄漏源头，发现是一处阀门未关紧，随后迅速进行了处理。

引发 15 死 25 伤的上海某公司的"8·31"液氨泄漏事故的直接原因，也被认定系公司生产厂房内液氨管路系统管帽脱落引起。

（1）事故经过

氨压缩机房操作工在氨调节站进行热氨融霜作业。不久，单冻机生产线区域内的监控录像显示现场陆续发生约 7 次轻微震动，单次震动持续时间 1~6 s 不等。此后，正在进行融霜作业的单冻机回气集管北端管帽脱落，导致氨泄漏。

（2）事故原因

严重违规采用热氨融霜方式，导致发生液锤现象，压力瞬间升高，致使存有严重焊接缺陷的单冻机回气集管管帽脱落，造成氨泄漏。管帽连接焊缝存在严重焊接缺陷，导致焊接接头的低温应力脆性断裂，致使回气集管管帽脱落，也是造成氨泄漏的重要原因之一。

（3）防范措施

1）加强教育培训，提高从业人员的安全意识和操作技能；严格特种作业人员管理，杜绝无证上岗。

2）经常排查和治理安全隐患；加强应急管理尤其要加强应急预案建设和应急演练，提高事故灾难的应对处置能力。

3）采取生产作业人员与涉氨设施相隔离的措施，使用正规标准、符合质量要求的零部件。

通过这两起发生的事故我们应吸取很好的教训，在安装维修工作中要严格执行操作人员持证上岗制度，在加强管理的同时企业应该认真履行设备的计划检修制度，设备的运行管理制度，使事故的发生防患于未然。

第六章 制冷与空调设备安装
作业实际操作技能

第一节 制冷与空调设备安装作业实际操作技能

一、制冷与空调设备安装、调整的安全操作技能

1. 制冷机的安装操作技能

（1）蒸气压缩式制冷机的安装

1）压缩机基础的检查和验收

①基础检查验收。制冷压缩机基础一般由土建单位施工，向安装单位移交前必须共同检查，确认合格后，安装单位进行验收，并转入下一工序。基础检查的内容有：

基础的外形尺寸、基础平面的水平度、中心线、标高、地脚螺栓孔的深度和距离、混凝土内的预埋件等，这些均应符合设计或现行的机械设备施工及验收规范的要求。基础四周的模板、地脚螺栓孔的木盒板及孔内的积水等，应清理干净。对二次灌浆范围内的光滑基础表面，要用钢钎凿出麻面，以使二次灌浆与原来基础表面结合牢固。验收时，一般基础各部位尺寸的允许偏差应符合规范要求。

②基础处理中应处理的问题有标高不符合要求、地脚螺栓孔的位置偏移及平面水平度超差等。

如标高过高，可用錾子錾低；标高过低时，可将原基础平面錾成麻面，用水冲洗干净后，再补灌混凝土。

预埋地脚螺栓有个别的偏差，偏差较小时，可用气焊火焰将螺栓烤红后调整到正确位置；偏差过大时，可沿螺栓周围凿一定深度后将螺栓割断，按要求尺寸再搭焊一段。

对二次灌浆的基础螺栓孔，如留孔的偏差过大，应凿大预留螺栓孔。

如基础平面水平度超差，应由土建施工人员进行修整，使水平度超差范围达到标准要求。

2）设备上位、找正和初平。

制冷压缩机上位前，要将其底部和基础螺栓孔内的泥土、污物清除干净，并将验收合格的基础表面清理干净。根据施工图并按建筑物的定位轴线，对其纵横中心线进行放线，可采用墨线弹出设备的中心线。

①制冷压缩机上位。上位就是开箱后，将制冷压缩机由箱的底排上搬到设备的基础上。

a. 利用冷冻站内已安装的桥式起重机，将制冷压缩机直接吊装上位。

b. 利用铲车上位。

c. 利用人字架上位。先将制冷压缩机运到基础上，再用人字架挂上链式起重机将其吊起，抽去箱底排，将制冷压缩机安放到基础上。

d. 利用滑移方法上位。将制冷压缩机连同底排运到基础旁摆正，对好基础，再卸下制冷压缩机与底排的连接螺栓，用撬杠撬起制冷压缩机的一端，将几根滚杠放到制冷压缩机与底排之间，使制冷压缩机落到滚杠上，再在已放好线的基础和底排上放3~4根横跨滚杠。用撬杠撬动制冷压缩机使滚杠滑动，将制冷压缩机从底排上水平滑移到基础上。最后撬起制冷压缩机，将滚杠撤出，按具体情况垫好垫铁。

采用滑移方法上位，撬动时应均匀用力。制冷压缩机滑移时，应平正，不可发生倾斜等现象。要十分注意保护人身安全和避免制冷压缩机受损。

②制冷压缩机找正。找正就是将制冷压缩机上位到规定的部位，使制冷压缩机的纵横中心线与基础上的中心线对正。

制冷压缩机找正时，除使其中心线与其基础中心线对准外，还应注意使制冷压缩机上的管座等部件的方位符合设计要求。

③制冷压缩机的初平。初平是在上位和找正之后，初步将制冷压

缩机的水平调整到接近要求。待制冷压缩机的地脚螺栓灌浆并清洗后，再进行精平。

制冷压缩机上位后，将地脚螺栓穿到设备底座的预留孔内，加套垫圈并拧上螺母，使螺纹外露 2~3 扣。初平后将基础的地脚螺栓孔用混凝土灌浆。

a. 初平前的准备。安装过程中，制冷压缩机一般用垫铁找平，再用地脚螺栓固定。

设备安装中应使用垫铁。垫铁要承受设备的重量，同时当设备与基础固定在一起时，垫铁还要承受地脚螺栓的锁紧力。

初平前，先将垫铁组放好，垫铁的中心线应垂直于设备底座的边缘。放置平垫铁时，最厚的放在下面，最薄的放在中间，精平后应将钢板制成的垫铁相互焊牢。每一垫铁组应放置整齐、平稳，接触良好、无松动。

b. 初平。在制冷压缩机的精加工水平面上，用框式水平仪测量。如水平度超差，可用打入斜垫片的方法逐步找平，直到接近要求为止。

3）设备的精平和基础抹面

①地脚螺栓孔二次灌浆。制冷压缩机初平后，可对地脚螺栓孔进行二次灌浆。灌浆采用细石混凝土或水泥砂浆。灌浆后应洒水养护，待混凝土养护达到强度时，紧固地脚螺栓。

立式和 W 形压缩机精平，可用框式水平仪在气缸端面或压缩机进、排气口（拆下进、排气阀门及直角弯头）进行测量。如 W 形压缩机气缸直径较大，也可在直立气缸的内壁上进行测量，如图 6—1 所示。

V 形和 S 形压缩机精平，可用角度水平仪在气缸端测水平。如无角度水平仪，可在压缩机的进、排气口和安全阀法兰端面进行测量。

采用铅垂线法精平 V 形和 S 形压缩机时，可将铅垂线挂在飞轮的外侧，在飞轮外侧正上方选一点，并用塞尺测此点与铅垂线的间距；再转动飞轮，将上方测点转至下方，并用塞尺测量该点与铅垂线的间距，这两个间距如不等，则调整斜垫铁，直至两个间距相等为止，精平方法如图 6—2 所示。

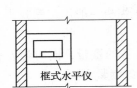

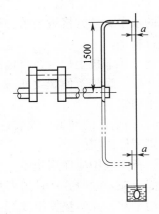

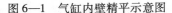

图6—1　气缸内壁精平示意图　　　　图6—2　铅垂线法测量轴的水平

对于这类压缩机的精平，也可用框式水平仪测量飞轮外缘的水平。在测量设备的水平时，必须将测量平面上的油漆、防锈油刮干净，以免影响测量的准确性。

②基础抹面。设备精平后，将制冷压缩机底座与基础表面间的空隙用混凝土填满，并将垫铁埋在混凝土内，用以固定垫铁并将制冷压缩机负荷传递到基础上。

（2）溴化锂制冷机的安装

溴化锂制冷机的安装要打好设备基础，正确吊装就位，使溴冷机水平达到要求。

1）基础。如果在单层机房内安装溴化锂制冷机，应首先做好机房地面以下深度约1m的地基，最好对机组纵向承重的基础座位置浇注混凝土台座，至少要用三合土夯实，以防止地面下沉。浇注机房混凝土地面的同时应搞好电线与仪表线管以及冷水、冷却水、蒸汽凝结水管段的预埋。预埋管应尽可能远离地面承重位置。承重位置的基础或基础台座的铺设要求水平，并用水平仪进行校核。有基础台座的基础分两次浇注完成。机组安装就位后，如对台座有较大的损坏，可进行局部修补。必须注意的是：浇注基础的水泥标号不得太低，所有的预埋管口在浇注完成后要封好，以防杂物进入。

2）机组安装。溴化锂制冷机的安装分整机安装和散件安装两种形式。整机安装分机器吊装和人工安装两种方式。人工安装一般是先将机组运至与基础纵向平行的对应位置后，再上基础台。散体安装的大型制冷机组需在现场组装时，应先把下筒体运至基础上校准，然后依次安装上桶体、管道和部件。

3）管道安装。为了使机房有足够的场地进行操作和检修，机房中的管道应尽可能架空或地下敷设。为了安装流量计及其仪表的需要，蒸汽管和水管路至少有一端需架空安装。此外，还应预先留出安装仪表管箍和短管管口的位置，待焊好后再吊装连接。

安装完毕的管道需进行压力试验。试验规则依管道安装规范而定。泄漏的地方应补焊处理。但蒸汽凝结水管路可不做压力试验。

压力试验后应对地下铺设的管道外壁涂 1~2 遍沥青漆，待漆干后方可填土还原。对于架空的冷水管道、蒸汽管道应进行保温处理。

2. 制冷机及制冷设备的调整

（1）蒸气压缩式制冷空调系统的运转参数及其调整

蒸气压缩式制冷空调系统运行情况主要通过制冷剂在系统内运行的压力、温度等参数表现出来，如蒸发压力与温度、冷凝压力与温度、压缩机的吸气与排气温度、中间压力与温度等，同时还有润滑油压力与温度、冷却水流量与温度等。影响系统运行的因素很多，因此，应根据系统运行的实际条件来调整控制运转参数，使系统安全、经济、合理运行。

1）蒸发温度与压力。制冷剂的蒸发温度应满足用冷要求。如冷却排管的蒸发温度应低于用冷温度 10~12℃，冷风机送冷的蒸发温度低于用冷温度 8~10℃，沉浸式蒸发器蒸发温度低于用冷温度 5℃左右，冷水机或盐水机组蒸发温度低于用冷温度 4~6℃。由于蒸发温度一般不能测出，常先测出蒸发压力，再通过查图表得出蒸发温度。因此，实际系统运行中依靠调节蒸发压力来调整蒸发温度。通常，系统蒸发面积和压缩机容量不变而热负荷发生变化。如外界环境温度升高或需降温物质增加使热负荷增加，蒸发器中制冷剂蒸发量大于压缩机的吸气量，蒸发温度升高，此时需增加运转压缩机的缸数或台数，提高制冷量，使蒸发温度保持稳定。反之应减少压缩机的缸数或台数。这里还应注意，系统运行过程中如蒸发器表面结霜、油垢过厚、供液阀开启度小，也会使蒸发温度降低。对这种情况，应采取相应措施，如除霜、去垢、增大供液量来稳定蒸发温度。

2）冷凝温度与压力。和蒸发温度相类似，冷凝温度也要通过冷凝压力或排气压力的读数查表得出。冷凝温度通常与冷却方式有关。如水冷冷凝器的温度高于冷却水出口温度 $4 \sim 6 ℃$，蒸发式冷凝器冷凝温度要比夏季室外湿球温度高 $5 \sim 10 ℃$，风冷式冷凝器冷凝温度要比空气温度高 $8 \sim 12 ℃$。冷凝温度与环境温度、空气流速、水温、水流量、水流速、压缩机的排气量、冷凝面积等因素有关。实际操作中经常采取调节水流量或进水温度来调节冷凝温度。同时，应注意保持换热面的清洁。

3）中间温度与压力。对于双级压缩制冷系统，测得中间压力，查表即可得到中间温度。中间温度与冷凝温度、蒸发温度、高低压压缩机容积比有关。将根据这三个参数查表求得中间温度与实际测得的中间温度相比较，作为调节的依据。通常采用改变压缩机的台数或利用螺杆压缩机的滑阀改变容积比等方法，调节中间压力。

4）过冷温度。双级压缩式制冷循环过冷温度应比中间冷却器内的温度高 $3 \sim 5 ℃$。单级制冷循环过冷温度较小，通常在 $3 ℃$ 左右。若采用回热循环，过冷温度会大一些。提高过冷度，对提高系统的经济性有利。

5）油温与油压。活塞压缩机的油温应控制在 $45 \sim 60 ℃$，最高温度应低于 $70 ℃$，最低温度应大于 $5 ℃$。若油温过高，应提高油冷却器的进水量来降低油温。油压应控制在比吸气压力高 $0.15 \sim 0.3$ MPa。油压过高、过低都应停机检查，待油压正常后再开机。油冷却器和活塞缸套的冷却水进出水温差应为 $5 \sim 10 ℃$。

6）压缩机运行参数。压缩机的排气温度：氨压缩机为 $< 150 ℃$，R22 与氨相同。压缩机的吸气温度：氨压缩机吸气温度高于蒸发温度 $5 \sim 10 ℃$；氟压缩机的吸气温度 $< 15 ℃$。氨单级压缩比 $\leqslant 8$，氟单级压缩比 $\leqslant 10$。否则，系统应采用双级压缩。压缩机正常运行时其排气压力以及吸气、排气压力差不得超过规定值，否则应停机检查。另外，压缩机轴承温度应在 $35 \sim 60 ℃$ 之间或更低，轴封的温度应低于 $70 ℃$。

（2）溴化锂吸收式机组自动调节

溴化锂吸收式机组在正常运行中，机组制冷量随外界热负荷的变化而改变，需要机组相应地变化，以满足变负荷的要求。溴化锂机组是利用热能来制冷的，加热介质的参数变化将引起机组性能的变化。溴化锂机组的自动调节，是围绕保持蒸发器冷媒水出口处温度的恒定来设定的。

1）加热蒸汽量调节。加热蒸汽量调节以蒸发器冷媒水出口处的温度为信号，通过调节加热蒸汽量改变制冷量。加热蒸汽量调节如图6—3所示。

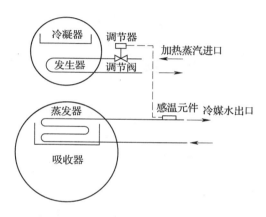

图6—3　加热蒸汽量调节示意图

当外界热负荷减小时，蒸发器冷媒水出口处温度降低，安装在冷媒水管道上的感温元件发出信号，经调节器和执行器，调节阀减小开度，发生器的加热蒸汽量减小，降低机组的制冷量，使蒸发器冷媒水出口温度回升至给定值。改变加热蒸汽量调节制冷量，中间必须经过发生器、冷凝器及蒸发器等换热设备。因此，由一工况变化到另一工况的时间较长，惯性较大。如将制冷量由额定值的88%降至63%，约需20 min；制冷量由70%升高到100%，约需25 min。

加热蒸汽量调节的优点是，调节元件安装于蒸汽管道，不涉及机组真空系统，不与溴化锂溶液接触，安全可靠。当外界热负荷降低时，进入发生器的蒸汽量减少，发生器出口处浓溶液溶质质量分数降低。对于制冷机组运行过程中防止溶液结晶有利。但是在制冷量低于50%时，单位制冷量蒸汽消耗量大，热力系数降低，不经济。

2）加热蒸汽凝结水量调节。加热蒸汽凝结水调节如图 6—4 所示。当外界负荷降低时，蒸发器冷媒水出口温度降低，由安装在冷媒水管道上的感温元件发出信号，通过调节器和执行器，调节蒸汽凝结水管道上的调节阀，减小凝结水的排泄量。凝结水逐渐蓄积，减小有效传热面积，机组制冷量下降，直至蒸发器冷媒水出口温度恢复为给定值。

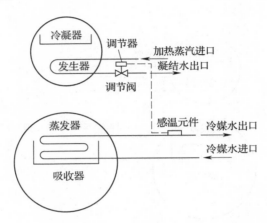

图 6—4　加热蒸汽凝结水调节示意图

3）冷却水量调节。冷却水量调节如图 6—5 所示。通过改变冷却水量来调节机组的制冷量，从而使蒸发器出口处冷媒水的温度保持恒定。当外界负荷降低时，蒸发器出口处冷媒水的温度降低，由感温元件发出信号，经调节器和执行器使调节阀动作，减小进入冷凝器冷却水量。冷凝温度升高，抑制发生器的作用，减小冷剂发生量，降低机组制冷量。

采用冷却水调节方法，元器件安装不涉及机组真空，没有泄漏问题和元器件防腐问题。但是，此法制冷量调节范围窄，通常仅在额定值的 80% ~100% 范围内。

这是因为如果使制冷量降低 20%，冷却水量要减少 50%。在这种情况下，冷凝温度升高，冷凝器中传热管结垢情况加剧，对机组的运行不利。

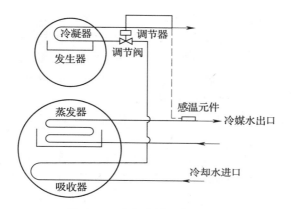

图6—5　冷却水量调节示意图

4）溶液循环量调节。溶液循环量调节如图6—6所示。这将克服加热蒸汽量调节、凝结水调节或冷却水量调节中遇到的低负荷时单位制冷蒸汽消耗量大，经济性差的缺点。当外界负荷降低时，通过感温元件、调节器和执行器、安装在稀溶液管道上的调节阀动作，减少进入发生器的稀溶液量，使蒸发器出口处冷媒水温度回升，直至恢复到给定值。

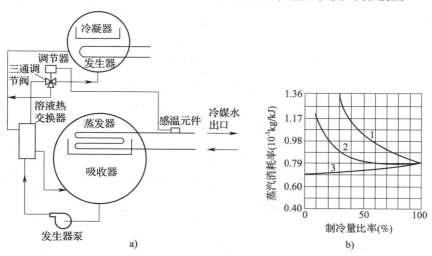

图6—6　溶液循环调节示意图

a）溶液循环调节　b）各种调节方法与蒸汽消耗率的关系

1—冷却水量调节　2—加热蒸汽（或凝结水量）调节　3—溶液循环调节

采用循环溶液量调节经济效果最佳，制冷量从100%降至10%时，单位制冷量消耗的蒸汽量几乎不变。但其最大的缺点是调节阀必须安装在溶液管道上，可能影响机组真空度，且需考虑防腐问题。此外，这种方法如不与蒸汽流量调节或凝结水量调节配合使用，则由于进入发生器的稀溶液量减少，而加热蒸汽量又不受控制，发生器中溶液的质量分数增大，可能产生结晶，所以溶液循环调节不宜单独使用。

5) 组合调节。将溶液循环量调节和蒸汽量调节相组合原理如图6—7所示。当外界负荷减小时，通过蒸发器出口冷媒水管道上的感温元件发出的信号来调节进入发生器的溶液量和加热蒸汽量，降低制冷量，从而维持蒸发器出口处冷媒水的温度在给定的范围内。当制冷机组在低于50%的负荷下运行时，将稀溶液的旁通阀打开，减小进入发生器的稀溶液量，即稀溶液旁通与蒸汽量调节联合使用；而当制冷机组在50%以上负荷下运行时，旁通阀关闭，仅依靠调节加热蒸汽量来改变机组制冷量。旁通阀可以采用双位式调节阀。

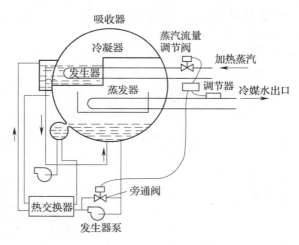

图6—7 组合调节原理示意图

组合式调节的另一种方式是蒸汽凝结水量调节和溶液循环量调节相配合。工作原理与上述过程相似，只是将调节阀安装在凝结水管道上。

6）直燃型机组能量调节。直燃型机组能量自动控制原理如图6—8所示。

在全负荷条件下，燃烧器将处于最大燃烧量的状态。当外界热负荷减小，冷媒水出水温度下降时，燃烧器将减小燃烧量以适应外界变化的热负荷。当所需燃烧器的热量低于最小燃烧量时，燃烧器将出现断续工作状态。在自动控制系统中，温度传感器是经过标定的热电阻。温度控制器采用模拟控制器或微电脑控制器。执行器采用电动执行器。燃气调节阀采用角行程蝶阀。为了保证燃烧器中具有一定的助燃空气，在燃烧管路和空气管路上同时设有流量调节阀，两者通过联锁机构同步动作。空气流量调节阀也采用角行程蝶阀。温度传感器安装在冷媒水的进口和出口处，被测冷媒水

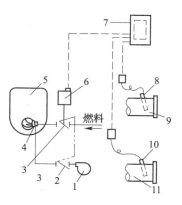

图6—8　直燃型机组能量
自动控制原理
1—燃烧器风机　2—空气流量调节阀
3—燃气调节阀　4—燃烧器
5—高压发生器　6—调节电动机
7—温度控制器　8—温度传感器
9—冷/热水出口连接管
10—温度传感器
11—冷/热水进口连接管

的温度与设定的冷媒水温度相比较，根据偏差控制进入燃烧器中燃料和空气的量，尽量减小被测冷媒水温度与设定冷媒水温度的偏差。控制器采用比例积分控制，反应速度快，又能消除静态偏差，控制精度高。

二、制冷与空调设备换热装置和管道安装安全操作技能

1. 换热设备的安装

换热设备有冷凝器、蒸发器、中间冷却器、回热式热交换器等。

（1）立式蒸发器的安装

立式（或螺旋管式）蒸发器安装前，应对水箱箱体进行渗漏试验。然后将箱体吊装到预先做好的、上部垫有绝热层的基础上，再将蒸发器管组放入水箱内。应使蒸发器组垂直，并略倾斜向放油端，各管组间距应相等。可采用水平仪或铅垂线检查其安装是否符合

要求。

（2）卧式蒸发器的安装

卧式蒸发器和卧式冷凝器一样，应安装在已浇好而且干燥后的混凝土基础或钢制支架上。

（3）立式冷凝器安装

冷凝器是承受压力的容器，安装前应检查设备出厂检验合格证，安装后应系统进行气密性试验。冷凝器的吊装，根据施工现场的条件，可采用手动葫芦或绞车等起重吊装工具。然后对设备进行找平。在设备平台和钢梯的焊接中，应注意保护冷凝器不受损伤，焊接后应检验有无损伤现象。

（4）卧式冷凝器安装

卧式冷凝器一般安装在室内，并设有压力表、安全阀和均压管。为了使冷凝器的冷却水系统正常运转，应将封头盖顶部装设的小阀门开启，排除冷凝器内的空气，待运转正常，将空气排除后关闭。为了在检修时将冷却水放出，应在封头盖底部装设排水阀门。

为了节省设备占地面积也可将冷凝器安装在储液器上，支架可采用槽钢制作。

2. 储存设备的安装

（1）储液器安装

为便于观察储液器液位的变化，一般将储液器安装在压缩机的机房内。立式冷凝器露天安装时，储液器也多露天安装。在安装时，应注意其安放的平面位置。

储液器的安装高度应低于冷凝器，以便于冷凝器内冷凝后的液体制冷剂靠重力作用流入储液器内。

为了防止日晒引起高压储液器内液体温度的升高，安装时应优先选择遮阳位置，必要时需搭遮阳棚，同时要有避雨淋措施。

（2）集油器的安装

集油器原则上安装在室外，以免放油时未分离净的氨气随油散发在室内。为了提高油中氨的分离效果和速度，集油器的回气管应接到蒸发压力最低的回气管路上（接点应选在氨液分离器的进口端上），集油器桶体最好能接受阳光直射。

（3）循环储液桶和氨泵安装

按照设计要求，制作钢质或混凝土构架。划定安装线，吊装桶体。为防止发生"冷桥"损失，桶体支撑与构架之间要加放已在沥青中煮过的垫木，用水平仪和测锤找正后拧紧固定螺栓。连接与氨泵之间的管道时，要使氨泵中心线与桶体控制液位保持一定的距离。对齿轮泵来说，这一距离应不小于 1.5 m，对于离心泵，应根据泵的结构和蒸发温度来选择，也可根据氨泵制造厂家说明书的要求选用。为了保证由桶体向氨泵进口处的流量，安装此段管路时应尽量减少阀门数量、管道的弯曲和变径。然后，再安装桶体上的液位指示仪表、自控元件、供液电磁阀、手动阀、氨泵最高点到循环桶的透气阀和管道、氨泵两端的压差控制器、液体旁路阀等元件。参照压缩机安装法安装氨泵电动机，使两轴同心。电动机转向应符合氨泵指定转向。

（4）中间冷却器安装

中间冷却器可安装在高、低压压缩机的中间位置，或附近的靠墙一侧。对于氨制冷系统，为求低压排气的完全冷却，可将中间冷却器供液管接在其进气接头上，氟利昂制冷系统的供液管则可接在桶体位置的进液口上。中间冷却器接头较多，桶体内又有隐蔽管道，安装接头时要仔细核对图样和说明书，以防接错。对于有循环储液桶的氨泵供液系统，中间冷却器内蛇形盘管的接头可以不用，而将高压储液桶的液体直接接入循环液桶的供液管，以简化机房管路。这样，原本在中间冷却器内生成的气体，转换到由循环储液桶内产生。即本来由高压级压缩机吸入的这部分气体成了低压级压缩机的吸入负荷。

中间冷却器上的指示仪表和控制仪表的安装方法同循环储液桶等压力容器。

3. 分离设备的安装

（1）空气分离器安装

安装时应注意如下问题：

1）安装位置多在冷凝器与储液器附近，由储液器或总调节站供液，其回气一般接于系统库房回气管道上（即低压循环储液器的进气管上），不得与压缩机吸气管道直接相连。

2）四重套管式空气分离器。安装时应保持一定倾斜。即供液端略提高 30~50 mm。图 6—9 所示为四重套管式空气分离器。

3）立式空气分离器的安装。图 6—10 所示为立式空气分离器。安装时应保证垂直，安装高度应保证操作的方便。

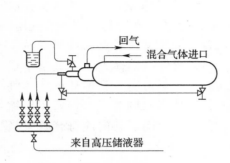

图 6—9　四重套管式空气分离器

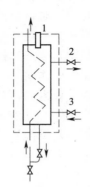

图 6—10　立式空气分离器
1—温度计插座　2—放空气出口
3—混合气体进口

（2）油分离器的安装

油分离器的安装包括检查基础、核对地脚螺栓位置、用吊车将油分离器搬运和吊装到基础上、用双螺母拧紧地脚螺栓、用水平仪和测锤校验平直度等步骤。

干式油分离器可直接安装在接近冷凝器的框架上。

洗涤式油分离器应使进液口比冷凝器出液总管的底部低 200~300 mm，油分离器的供液管必须从冷凝器出液总管的底部接出，否则就不能保证洗涤式油分离器维持必要的液面，对这一点要特别注意。

4. 管道阀门的安装与布置

制冷管道是将制冷压缩机、冷凝器、节流阀和蒸发器等设备及阀门、仪表等连接，构成一个封闭循环的制冷系统，使制冷剂不间断循环流动，起到制冷作用。制冷管道布置的是否安全合理，直接影响制冷系统的运行效果。

在制冷管道的布置中，应该使管道与设备、管道与管道之间，保持合理的位置关系，保证制冷剂在系统中顺利地流动。

（1）氨制冷管道

1）由蒸发器到制冷压缩机的吸气管道应坡向蒸发器，防止管道中的液体制冷剂进入制冷压缩机中造成"液击"现象。

另外，为防止管道的干管内液体制冷剂进入制冷压缩机，吸气支管应从干管的顶部接出。

2）制冷压缩机排气管道应坡向油分离器和冷凝器，防止排气管道中的润滑油进入制冷压缩机，造成"油击"事故。

另外，排气支管应从排气干管的顶部或斜向接出，防止管道内的润滑油进入停开的制冷压缩机中。

3）冷凝器至储液器的液体管道

①卧式冷凝器和储液器的管道不长时，可不设均压管，管内的液体速度不应大于 0.5 m/s。由冷凝器的出口至储液器进口处的角形阀的垂直管段，应有 300 mm 以上的高度差。如冷凝器至储液器的液体管道内的液体流速大于 0.5 m/s，其间应安装均压管。

冷凝器的出液管上如果需要安装阀门时，其安装的高度应在储液器内液面水平以下。安装方式如图 6—11 所示。

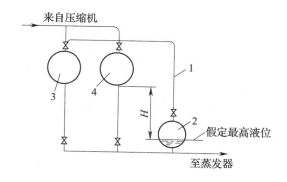

图6—11 "库存"式储液器与冷凝器的连接方式

1—均压管 2—储液器 3、4—冷凝器

②立式冷凝器与储液器的液体管道，在冷凝器至储液器的液体管上安装阀门时，出口与阀门之间要有一定距离。水平管段应坡向储液器。如果在冷凝器至储液器之间没有均压管，则应从冷凝器的中部与

储液器的顶部引出接管，以保证在储液器内压力超过冷凝压力的情况下，系统仍能正常循环。系统的连接方式如图6—12所示。

如果施工现场的条件需要将冷凝器安装的高度降低时，可将储液器进口的阀门改用角形阀，或将冷凝器出口处的阀门改装在水平管段上，如图6—13所示。

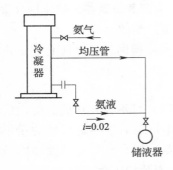

图 6—12　立式冷凝器与储液
器连接方式之一

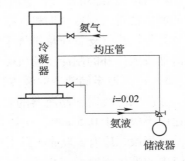

图 6—13　立式冷凝器与储液
器连接方式之二

4）冷凝器与储液器至洗涤式氨油分离器的液体管道。洗涤式氨油分离器的进液管，应从冷凝器的氨液管的管底接出。其连接方式如图6—14所示。

5）浮球调节阀的安装。为避免因液体制冷剂进入制冷压缩机而产生的"液击"现象，必须注意蒸发器中的液位。在水箱或蒸发器上安装浮球调节阀的高度，可使浮球调节阀中心与蒸发排管的上总管管底齐平。

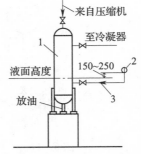

图 6—14　洗涤式氨油分离
器的连接方式
1—洗涤式氨油分离器
2—自冷凝器至储液器的氨液管
3—油分离器进液管

（2）氟利昂制冷管道

1）制冷压缩机制冷管道

①为保证润滑油随氟利昂气体能顺利地返回压缩机曲轴箱内，吸气管的水平管段应有不小于 2/100 的坡度，坡向压缩机。

②蒸发器和氟制冷压缩机布置在同一水平位置时，吸气管布置应如图6—15所示。要使蒸发器和制冷压缩机之间的管路形成 U 形弯，以防止停机后液体制冷剂进入制冷压缩机内。

③蒸发器在氟制冷压缩机上方时，蒸发器上部管应做如图 6—16 所示的 U 形弯。

④蒸发器在氟制冷压缩机下方时，其吸气管的连接方式如图6—17所示。

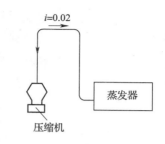

图 6—15 蒸发器与氟制冷压缩机在相同标高时管道连接示意图（i 为坡度）

图 6—16 蒸发器在氟制冷压缩机上方时的管道连接方式

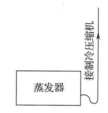

图 6—17 蒸发器在氟制冷压缩机下方时的管道连接方式

2）氟制冷压缩机排气管道

①氟制冷系统排气管的水平管段应坡向冷凝器，使氟制冷压缩机的润滑油流入冷凝器，防止其返回氟制冷压缩机的顶部。

②氟制冷系统的直立排气管较长时，为了防止管内壁沉淀的润滑油进入氟制冷压缩机的顶部，应使排气管上形成如图6—18所示的存油弯。

③两台或多台氟制冷压缩机并联时，为防止在运转中氟制冷压缩机排出的润滑油流入停用的氟制冷压缩机中，排气主管应采用如图6—19所示的连接方式。

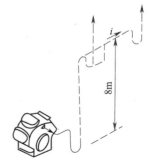

图 6 —18 排气管至氟制冷压缩机的存油弯

④排气总管安装在氟制冷压缩机上方时，氟制冷压缩机的排气管应从上面接入总管，以防止排气总管的润滑油倒流入停用的氟制冷压缩机内。其连接方式如图6—20所示。

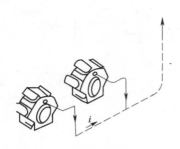

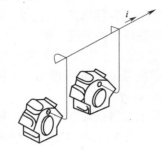

图6—19　多台氟制冷压缩机的
排气管连接方式之一

图6—20　多台氟制冷压缩机的
排气管连接方式之二

3）冷凝器至储液器的液体管道。冷凝器至储液器的液体是靠液体重力流入的，为防止冷凝器排出液体时出现高液位现象，冷凝器与储液器应保持一定的高差，连接管道要保持一定的坡度。

制冷系统管道的坡度坡向可参见表6—1。

表6—1　　　　　　　制冷系统管道的坡度坡向

管道名称	坡度方向	坡度
分油器至冷凝器相连接的排气管水平管段	坡向冷凝器	3～5/1 000
冷凝器至储液器的出液管的水平管段	坡向储液器	3～5/1 000
液体分配站至蒸发器［排管］的供液管水平管段	坡向蒸发器	1～3/1 000
蒸发器［排管］至气体分配站的回气管水平管段	坡向蒸发器	1～3/1 000
氟利昂压缩机吸气水平管排气管	坡向压缩机 坡向油分离器	4～5/1 000 1～2/100
氨压缩机吸气水平管排气管	坡向低压桶 坡向氨油分离器	≥3/1 000
凝结水管的水平管	坡向排水器	≥8/1 000

（3）冷水管道

1）冷水（载冷剂）、冷却水及冷凝水管道安装应符合现行国家标准《工业金属管道工程施工及验收规范》与《采暖与卫生工程施工及验收规范》的有关规定。

2）管道安装前必须将管内的污物及锈蚀清除干净；安装停顿期间对管道开口应采取封闭保护措施。

3）冷冻水管道系统应在该系统最高处，且在便于操作的部位设置放气阀。

4）管道安装后应进行系统冲洗，系统清洁后方能与制冷设备或空调设备连接。

5）管道系统安装后必须进行水压试验。

6）冷凝水的水平管应坡向排水口，软管连接应牢固，不得有瘪管和强扭。冷凝水系统的渗漏可采用充水试验。冷凝水排放应按设计要求安装水封弯管。

7）管道与泵的连接应采用弹性连接，并在管道处设置独立支架。

8）管道支、吊架的形式、位置、间距、标高应符合设计要求，连接制冷机的吸、排气管道须设单独支架。在保温管道与支、吊架之间，应垫以绝热衬垫或经防腐处理的木衬垫。

（4）管道作业安全操作规程

1）弯管前应检查清除管内积物。检查工作挡板和顶柱是否牢固平稳。弯管时，禁止工作人员站在管子移动的范围内。

2）吊运管子前，必须对吊具认真检查，不得迁就使用。

3）套丝时要经常加油，退出板牙时要防止扳手脱落，锯割管子时不应用力过猛或过快，以免把锯条折断或把手碰伤。使用管钳等工具，不要用力过猛。不准使用有毛刺的手锤。锤子、凿子和扁铲端部，不准有斜坡和损伤。铲工件时为防止碎片飞出，必须设防护挡板。

4）在地沟内安装管子时，应首先检查地沟两侧的土质是否有坍塌可能。如有，应立即采取措施支护，然后再进行工作。禁止在沟沿两侧 1 m 内堆放管子等物。

5）在高处作业时，必须遵守《厂区高处作业安全规程》。立体交叉作业时，必须戴安全帽。

6）在暗沟内进行配管时，应遵守作业安全规程，使用安全照明灯。必须采用安全电压或手电筒。并注意防毒防火工作。

7）水压试验的压力表应已被校准好。管子或部件水压试验时，不准超过规定标准。升压要缓慢进行。升压中，不准动丝堵或法兰螺钉，不准敲击或站在堵头对面。非工作人员不准接近试压的管子和部件。

8）敷设地下管道施工前，应先与有关部门联系，办理动土证，获准后方能施工。施工中挖到可见管线时，应由有关部门派人监护施工。

9）挖深沟时应有适当坡度，必要时上边应有人监护，两旁堆土超过1.5 m时要有安全措施。

10）搬运安装管道时，要注意周围及现场电线情况，并统一指挥齐抬、齐放。

11）在沟内下管子时，沟内禁止有人操作。使用滑轮、绳索前，要详细检查其是否合格。

12）使用扳手、管钳时，钳口要适当。操作时不准加管套。

13）设备管路有压力时，不准带压检修及从事安装工作。

三、制冷与空调设备安全装置、调整的安全操作技能

1. 压力控制装置

（1）压力表阀

压力表阀是用于控制制冷设备、制冷管路、调节站压力表的阀门。根据所用制冷剂不同，有氨用和氟（利昂）用压力表阀，氟用压力表阀的进、出口通道上装很薄的膜片，由装在阀头上的钢球控制。

1）压力表应安装在满足规定的使用环境条件和易于观察维修的位置。

2）测量高压气体或蒸气压力时，应加装U形隔离管或回转冷凝管。

3）测量有腐蚀性或黏度大、有结晶沉淀等介质的压力时，对压力表应采取保护措施，如安装隔离罐，以防腐蚀或堵塞。

4）在有振动的情况下，应加装减振器；当被测压力波动剧烈、频繁时，应装缓冲器或阻尼器。

5）压力表的连接处，应根据压力的高低、介质性质，加装密封垫片。

6）在取压口到压力表之间靠近取压口处应安装切断阀。

7）当被测压力不高、取压口与压力表又不在同一高度，应对由高度差 ΔH 引起的测量误差按 $\Delta p = \Delta hr$ 进行修正（r 为被测介质的密度）。

（2）压力控制器

压力控制器又称压力继电器或压力调节器，是一种由压力信号来控制的电开关。主要用于制冷系统的压力调节控制，特别是进行旨在防止系统高压过高、低压过低的压力调节控制，最终起到保护系统设备正常工作、系统自动控制的作用。压力控制器根据其所控制的压力不同，分为高压控制器、低压控制器和组合体高低压控制和压差控制器。

1）高压压力控制器的作用是当制冷压缩机排气压力超过规定值时，高压压力控制器自动断开电动机的电路，压缩机停机，使压缩机安全得以保护，同时自动控制系统发出报警信号。工作人员应及时分析，找出故障原因，并正确处理后方可重新启动。

2）低压压力控制器的作用是当压缩机吸气压力低于规定值时，低压压力控制器自动断开电动机电路，压缩机停机，避免系统内压力低于大气压力，使空气从管路连接处和轴封处渗入制冷系统，影响制冷效果，起到低压保护作用。另外低压控制器还用于制冷系统中其他设备的低压保护。

3）高低压力控制器是将高压过高和低压过低保护两部分合并装在一个壳体内，其工作过程为：当蒸气压力过高达到压力控制器设定值上限时，波纹管克服高压弹簧力的作用，使顶杆推动跳板并带动微动开关动作。一方面使触点断开，电路断电，制冷压缩机停止运行，同时发出报警信号；另一方面跳脚板上凸缘被扣住自锁。工作人员应及时找出故障原因，并正确处理后按动复位按钮解除自锁，微动开关触点闭合，通电后制冷压缩机开始工作。当蒸气压力过低，低于压力控制器设定值下限时，低压调节弹簧向下推动跳脚板，并带动微动开关动作，触点变化，电路断电，制冷压缩机停止运行。低压压力控制器在吸气压力升到规定值后，微动开关重新连通电路。

压力控制器作为制冷空调设备的安全装置，本身应先做到正常、安全使用，压力控制器高压部分调定压力为 1. 65 ~ 1. 7 MPa，低压部分调定压力为比最低蒸发温度低5℃时的压力。压力（压差）控制器应垂直安装在振动小的地方，并应检查预调控制压力。压差控制器两端，高、低压连接管应连接正确，不可接反。

压力控制器要定期校验，除按规定值调压外，还要检查刻度和电信号能否及时发出，同时还应注意波纹管和气箱是否有泄漏，发现问题及时解决，不能带故障运行，避免制冷设备及人身安全事故发生。

4）压差控制器分油压差控制器和空气压差控制器两种。在制冷系统中，为了使压缩机各运动摩擦件能达到良好的润滑，大、中型制冷系统必须保证润滑油应有一定的压力。在实际制冷运行中润滑油的压力是油压表所指示的压力与压缩机吸气压力的差值。因此，油压的控制其本质是油压差的控制。油压差控制器的作用是用于制冷压缩机的油压差保护，使油压差在一定值范围内，保证润滑系统正常工作，避免制冷压缩机因缺油造成机械故障、压缩机损坏等事故的发生。当油压力差低于设定值时，压差控制器开始动作，自动断开电路，使制冷压缩机停止工作。

（3）安全阀

安全阀是制冷系统中受压容器的安全保护装置。当受压容器内制冷压力超过规定值时安全阀能自动开启，排出受压容器内具有过剩压力的制冷剂。当受压容器内压力恢复到规定值时，安全阀将自动关闭。制冷系统中的冷凝器、高压储液器、氨液分离器、中间冷却器，以及低压循环储液器等均应安装安全阀。

安全阀的结构常采用弹簧式，其工作原理是依靠安全阀内弹簧弹性力来平衡阀瓣脱开阀座时所承受的力，弹簧被压缩，阀瓣向上运动，说明容器内压力超过规定压力值，此时安全阀开启，一部分制冷剂气体排到大气中。当容器内制冷剂压力低于规定压力值时，安全阀关闭。

另外，还有一种封闭式弹簧安全阀。它能将压力超过规定值的制冷剂液排至低压循环储液器中，既保证制冷剂的回收，也避免污染环境。

安全阀阀瓣开启度与压力容器内设计压力有关。区别于一般压力容器，制冷系统压力容器内的制冷剂，尤其是氨制冷剂对环境造成影响的同时，还会带来诸如爆炸、燃烧等安全隐患，所以安全阀设定值压力应高于设计压力的 1.05～1.1 倍。这样既能保证安全阀在受压容器内超过规定值时能自动开启，同时也避免因受压容器内压力小的波动造成安全阀的误开启操作，确保系统良好的密封和系统运行的安全。

压缩机和制冷设备上的安全阀，应每年由法定校验部门校验一次并铅封。开启一次须重新校验。

首先要保证安全阀的材质安全、耐用，在受压容器内与制冷剂不发生化学反应，不产生腐蚀作用。其次要求针对不同的制冷剂选用不同的安全阀。受压容器压力、温度不同，应选用与之相匹配的安全阀。

高压容器常选用弹簧式安全阀，而压力不高、温度较高的受压容器则选用杠杆式安全阀。

（4）紧急泄氨器

当发生重大事故或出现不可抗拒自然灾害时，使用紧急泄氨器将制冷系统中的氨液与水混合；稀释成氨水溶液迅速排入下水道，以保证人员、设备安全。需要紧急泄氨时，先开启紧急泄氨器的进水阀，再开启进氨液阀，氨液经过布满小孔的内管流向壳体内腔并溶解于水中，成为氨水溶液，再由排泄管安全地排放到下水道中。紧急泄氨器不工作时，应定期检查阀门及连接管道，保证畅通。

2. 断水保护装置

在制冷系统运行过程中，常常由于水泵或其他方面原因，造成冷却水供水中断。在高压压力控制器保护失灵的情况下，断水会造成压缩机损坏以及冷凝器等压力容器压力过高，轻者影响制冷系统的正常工作，重者可能发生爆炸。即使安全阀等保护装置不失灵，因断水导致的制冷剂的外泄也将对周围环境产生不利影响，甚至引发火灾。同时因冷媒水泵故障、水管路堵塞，造成冷媒水断流，冷媒量不足，冷负荷过小，蒸发温度过低，会使冷媒水冻结，将蒸发器胀裂，甚至在短时间内冻坏蒸发器。因此，为了保证机器设备使用安全，避免因此而产生更大的人身设备事故，通常在压缩机冷却水出水口、冷凝器出水口以及冷媒水系统中装设断水保护装置，以便自动切断电动机电源并发出报警信号。

设备中一般采用晶体管水流继电器断水保护装置。如图 6—21 所示，在压缩机和冷凝器冷却水管上或冷媒水系统中，安装一对电接点，其作用是当有水流通过时，电接点通过水导通，继电器工作并发出电信号，此时压缩机正常工作或可以正常启动。若水流中断，继电器电接点断开，压缩机因断电而停车或不能启动，避免造成设备事故发生。考虑到水流中经常有气泡产生，使继电器误操作，而断水不会立即引起事故，所以应使继电器延时（一般为 15 s）动作，如继电器在延时时间内恢复正常工作，则压缩机将继续运行。

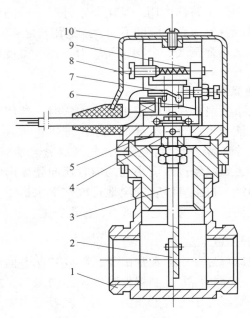

图 6—21　水流继电器

1—管接头　2—挡水板　3—心轴　4—轴销　5—膜片
6—拨杆　7—触点　8—调节螺钉　9—弹簧　10—罩壳

3. 溴化锂吸收式机组的安全保护装置

溴化锂吸收式机组的安全保护，按故障发生的程度可划分为两种：一为重故障保护，二是轻微故障保护。重故障保护是针对机组设备发生的异常情况而采取的保护措施。冷媒水流量过小、高压发生器溶液温度过高、高压发生器压力过高、屏蔽泵过载、冷却水断水、冷却水低温等均属于重故障。这些系统故障发生并导致安全保护装置动作后，必须检测设备，查出机组异常工作的原因，并排除故障。然后，通过人工启动的方式使机组恢复正常运行。轻微故障保护是针对机组偏离正常工况而采取的一种保护措施。通常，机组自动控制系统能够根据异常情况采取相应保护措施。它将自动调节运行参数使之恢复到正常状态，以及自动启动机组重新运行。冷媒水低温、冷剂水低温及溶晶管高温等均属于轻微故障保护范围。

（1）安全保护主要元器件

1）温度传感器。溴化锂吸收式机组中常用的测温元件是热电偶或热电阻。热电偶测温以热电现象为基础，通过测量被测端与参考端之间的热电势来获得被测端与参考端之间的温差。测温原理是根据金属导体的电阻随温度变化的性质，将电阻值的变化用二次仪表测量出来，达到测温目的。

2）压力传感器。常用压力传感器包括电阻式压力传感器和电容式压力传感器。

3）靶式流量控制器。靶式流量控制器采用靶式传感器，与执行器配套，主要用于冷水、冷却水系统或其他流体回路的流量控制及报警。它是将流体作用在测量元件靶上的力，转换为电信号而测量出流体流量的装置。一旦水流发生变化，靶片受到的作用力与弹性力平衡受到破坏，靶片转动推动微动开关，使电路断开或闭合发出报警或控制信号。每个靶式流量控制器上有三副靶片。不同的管径和流量选用不同的靶片，以达到最佳调节目的。

4）气体切断阀。气体切断阀有手动球阀和电动气体球阀，电动执行机构也可接受手动信号，也可以接受开关量自动控制信号，通断气源。它是一种可完成自动控制的气体切断阀。

5）火焰检查器、燃烧监视继电器。燃烧器中使用的火焰检查器通常是紫外线火焰检查器。燃烧监视继电器由火焰指示器与继电电路组成。燃烧监视继电器接收来自火焰指示器的信号输入，通过继电电路输出开关量信号。它的功能是，通过火焰石英管检测火焰。在燃烧器的点火或运行过程中，一旦发现无火焰信号，即发出信号给气体切断阀，切断燃料供给，停机并报警，使机组转入稀释运行。

（2）机组安全保护系统

1）蒸发器保护装置。在冷剂水或冷水管道中安装温度控制器或流量控制器以保护蒸发器。蒸发器是机组制取冷量和输出冷量的设备。冷水机组是用水作为载冷剂的，所以要注意水结冰给机组带来的危害。机组在正常工况下运行，载冷剂带走的冷量必须与机组制冷量相匹配，才能保持蒸发器内的温度和冷水温度的稳定。一旦载冷剂带走的冷量小于机组制冷量，冷水温度会逐渐降低。冷水温度低于冰点，会产生结冰现象导致蒸发器破裂，造成重大事故。造成事故的原因一般有两个：一是由于外界负荷远远小于机组制冷量，二是由于设备中的一些故障导致冷水温度下降，例如冷水泵发生故障、冷水系统中管道阀门未开、管道中杂质过多堵塞过滤装置等。

2）高压发生器安全装置。高压发生器是机组溶液循环中温度和压力最高的部位。溴化锂溶液的防结晶和保持恒液位，是突出的安全保护问题。在机组运行中，溴化锂溶液温度低于21℃或溶质质量分数过高时会发生结晶现象。而结晶的产生会使机组循环产生障碍，无法正常工作。

高压发生器发生压力超高现象，其主要原因是：蒸气调节阀失控而开启过大，系统内存在不凝性气体，冷却水温度过高等。一般采用的保护方法是，检测高压发生器内的压力，安装压力控制器。当高压发生器内压力超过95 kPa时，压力控制器作用，发出报警信号，关闭热源，机组转入稀释运行状态。压力降至90 kPa时，机组重新启动运行。

3）低压发生器保护装置。虽然控制了溶液质量分数，但若稀溶液温度过低，也会在低温溶液热交换器浓溶液出口处产生结晶。为此，在低压发生器液囊中装有自助溶晶管，并在溶晶管上装有温度继电器。当溶晶管高温时，表示机组中出现了结晶现象，温度继电器动作报警，同时切断热源转入稀释运行。

4）吸收器和冷凝器保护装置。与发生器中安全保护类似，吸收器安全保护主要是防止溶液发生结晶问题。吸收器中吸收热通过冷却水带走，冷却水的温度及流量决定了吸收器中吸收热的情况，同时决定吸收效果。

5）屏蔽泵。屏蔽泵是整个系统溶液循环的动力，对机组的正常运行起着关键作用。

6）机组。机组的安全保护主要涉及机组内的真空度保护。溴化锂机组是在真空状态下工作的，一旦机组发生泄漏，系统中将混入不凝性气体，降低机组的吸收和蒸发效果，送往吸收器的稀溶液质量分数升高，导致发生器出口浓溶液质量分数过高而发生结晶现象。因此，要在自动抽气装置集气筒上设置真空检测仪表，以便随时监控机组内的真空度，一旦发生泄漏，便立即报警并启动真空泵工作。

4. 直燃型溴化锂吸收式机组安全保护系统

直燃型机组与蒸气型机组的主要区别在热源方面。许多部件上的安全保护装置相同，但由于热源不同，直燃型机组有一些特殊的安全保护装置。

（1）安全点火装置

直燃式机组的燃烧系统分为主燃烧系统和点火燃烧系统。主燃烧系统是机组的加热源。点火燃烧系统作用是辅助主燃烧器点火。一旦主燃烧器正常工作，点火燃烧器便自动熄火。如果点火失败，受火焰检测器控制的主燃料阀不会打开，防止燃料大量溢出，引发事故。

（2）燃气压力保护装置

燃气压力过高或过低，都会影响燃烧过程。机组工作时需要保持燃料压力相对稳定。当燃气压力波动超过允许范围时，压力控制器立即动作，发出报警信号，同时迅速切断燃料供给，停止燃烧过程，并使机组转入稀释运行状态。

（3）熄火自动保护系统

熄火自动保护装置的功能是当燃烧器点火失败或在正常运行中火焰熄灭时，能够迅速切断燃料供给，并使机组转入稀释运行状态。熄火自动保护工作后，需查明原因。机组重新运行时，需人工复位。熄火保护的关键部件是火焰检测器，当它检测出熄火信号后，燃烧继电器动作、指示、报警、切断燃料供给，使机组转入稀释运行。

（4）燃气高温控制器

当烟气温度高于300℃时，机组将自动停止运行。

（5） 风压过低自动保护

风压过低，说明送风系统阻力过大或发生故障，空气流量不足以维持正常的燃烧。当空气压力低于 490 Pa 时，保护系统将及时切断燃料供给，停止燃烧过程，使机组转入稀释运行。

（6） 燃烧器风扇过流保护

为防止燃烧器风扇故障，应在燃烧器风扇电动机电路中，安装热继电器做过载保护，安装熔断器做短路保护。若风扇停止运转，机组自动停止运行。

第二节 制冷与空调系统安装调试的安全操作技能

一、蒸气压缩式制冷系统的试运转与调试

安装任务结束后，要对制冷系统进行试运转并调试至标准状态。制冷系统的试运转是一项综合性工作，要求各部门加强联系，密切配合。

1. 活塞式制冷压缩机

（1） 空车试运转

空车试运转时，不上气缸盖，为避免试运转时缸套外窜，用一专用夹具压住缸套。向活塞环部加入润滑油，曲轴箱内加油到玻璃视孔的 1/2 处。在机器运转之前，将缸口用布盖好，防止灰尘落入。然后手动盘车，无误再点动试运转。合闸时，操作人员要注意安全，防止缸套或塞销螺母飞出伤人。启动后若有不正常现象，如声响、振动或油压异常，应立即停车，检查故障，重新启动。

启动后观察运转情况，若无异常，可间歇地运行，每次启动后的运转时间逐渐延长。空车启运运转正常后要调整油压，然后可连续运转。

（2） 空车负荷试运转

目的是检查压缩机在有负荷下的运转情况、维修装配质量及密封性是否良好。

首先更换润滑油，清洗滤油器，装好吸/排气阀、安全块、缓冲弹簧和缸盖，松开吸气过滤器法兰螺栓，留出一定空隙包上绸布作为空气吸入口。然后开启压缩机上的排气阀，关闭吸气阀并启动压缩机，调整排气压力连续运转。

（3）重车试运转

在进行重车试运转前应先开启压缩机进行排气，然后使压缩机与系统相通，再转入制冷系统负荷试运转，并担负某一系统的降温工作。压缩机的运转时间要达到累计 48 h、连续 24 h。重车试运转的操作要求与正常操作调整基本相同。

2. 螺杆式制冷压缩机

螺杆式制冷压缩机的润滑系统是独立的，在运转之前应先启动油泵，油压升至要求值时，再启动压缩机。待主机运转正常、指示灯亮后缓慢开启吸气阀，调节滑阀至所需要能量位置。螺杆式制冷压缩机不宜长时间空载运转。在试运转过程中，要密切注意温度和声音的变化，若有异常，必须停车检查。

二、溴化锂制冷设备的调试

1. 调试前的准备工作

（1）冷却水和冷水温度要调节到适合于调试的要求

调试前要使蒸气压力稳定、冷却水进口温度稳定、冷水进口温度稳定。当室外气温较高时，由于室外气温高，冷却水进口的初期水温超过32℃时应开启冷却塔风机。并事先在冷水出口管段或向用户供水的水泵前引一根旁通管至回水池中（为开式系统时）。

当冷却水温偏低、冷量过剩时，开式系统可事先引蒸汽或蒸汽凝结水管至冷却水和冷水池中。开机后首先对冷却水加热使其接近24℃，然后再视情况加热冷水以提高其水温。

（2）安装好冷却水水质处理装置

应选用适用于当地水质条件的水质稳定措施。

（3）准备好符合水质要求的冷剂水

不可用自来水或地下水作为溴冷机的冷剂水。

（4）检查附属设备和设施

1）检查水泵电动机的空载电流、转向及其开关柜是否正常，吸水管段有无漏气，压出管段有无漏水，吸水管段抽真空引水设备是否正常。

2）检查冷却塔的布水器、风机、水盘漏水等情况。

3）管道内部的清洁。对于新安装的管道，在调试前均应将吸收器（或冷凝器）、蒸发器进水管端敞口，启动水泵进行冲洗。

4）洗刷冷却水池和冷水池（开式系统）。

5）检查和校核机组及管道上所有的电器仪表。

2. 试运转调试

制冷机的调试工作分：检漏、水洗和注液、调整溶液循环量和质量分数。手动操作的机型以现场检漏、注液为主。

（1）蒸气型溴化锂制冷机手动开车程序

1）冷却水泵和冷水泵出口阀门要处于关闭状态；分别启动冷却水泵和冷水泵，慢慢打开泵的出口阀门，并按工况要求将水量调整至额定值。

2）机组对外（大气）的所有取样、进液、测压以及抽气阀均处于关闭状态；启动发生器泵，利用其出口阀门调节溶液循环量：对于高压发生器，液位应将铜管浸没少许，对于低压发生器，以传热管露出液面半排至一排为宜。应注意的是，调试初期，发生器液位应适当低些，以免由于发生过程剧烈而污染冷剂水。吸收器的最低液位应使溶液泵不吸空，在抽气时也不可没过抽气管，否则前者会造成屏蔽泵汽蚀和石墨轴承的损坏，后者易将溶液抽入真空泵中。

3）当液位稳定后，如果吸收器为喷淋式，启动吸收器泵使其喷淋；打开机组疏水器旁通阀；缓慢开启蒸气调节阀，按递增顺序逐步提高蒸气压力，以免引起严重的汽水冲击及对发生器产生较大的热应力。当发现凝结水管道中有较多的二次汽化的蒸汽或凝水管壁发烫时，应关闭疏水器旁通阀门。随着工作蒸汽压力的提高，发生器液位要予以调整。

4）蒸发器的冷剂水充足后（一般以蒸发器视镜浸没且水位上升速度较快为准），启动冷剂泵，调整泵出口的喷淋阀门使被吸收掉的蒸汽与从冷凝器流下来的冷剂水相平衡。

5）启动真空泵，抽出残余的不凝性气体。抽气要充分利用自动抽气装置。

（2）溶液质量分数的调整和工况的初测

应利用浓缩（或稀释）和调整溶液循环量的方法来控制进入发生器的稀溶液的溶质质量分数和回到吸收器浓溶液的溶质质量分数。可通过从蒸发器向外抽取冷剂水或向内注入冷剂水的方法，调整灌入机组的原始溶液的溶质质量分数。

（3）调试过程中的工况测试

当初测的结果已接近标定工况值时，可以进行正式工况测试。

测试内容是吸收器和冷凝器进、出水温度和流量；冷水进、出水温度和水量；工作蒸气进口压力、流量以及进、出口温度；冷剂水密度；冷剂系统各点温度；吸收剂系统各点溶液温度；发生器进、出口稀溶液、浓溶液以及吸收液的溶质质量分数。

工况测试应不少于 3 种不同工况；测试过程中应将随机带来的溶液和冷剂水报警装置调至上、下限数值。

3. 调试中出现问题的分析及处理

调试过程中，常会出现一些问题，应及时分析并予以处理。调试中一般常发生的问题是：运行不平稳、机组中发现不凝性气体、冷剂水被污染和制冷量偏低等。

4. 调试后验收

溴化锂制冷机的验收工作，从工况测试时开始。验收总则：

（1）工况测试应不少于 3 次。

（2）每次工况测试的过程至少应从稳定相应气压 30 min 后开始。

（3）在工况测试过程中，不应为了检验气密性而开真空泵抽气。

（4）测定真空泵的抽气性能和电磁阀灵敏度。

（5）屏蔽泵运行电流正常，电动机壁面不烫手（温度不得超过70℃），叶轮声音正常。

（6）自控仪器使用正常，仪表准确，开关灵敏。

5. 溴化锂吸收式冷水机组正常运行标志

（1）冷媒水的出口温度为 7℃ 左右，最低不可低于 5℃。出口压力根据外接系统情况定在 0.2~0.6 MPa。冷媒水流量可根据进、出口温差 4~5℃或者按设定值来确定。

（2）冷却水的进口温度应在 25~32℃，进口压力根据机组和冷却塔的位置，为 0.2~0.4 MPa，冷却水流量是冷媒水流量的 1.6~1.8倍，其出口温度不高于 40℃。

（3）溴化锂溶液的溶质质量分数，高压发生器中约为 62%，低压发生器中约为 62.5%，稀溶液约为 58%。

（4）工作蒸汽压力的波动在 ±0.02 MPa 范围内。饱和蒸汽干度大于 95%，过热度小于 30℃，使用 0.6 MPa 以上工作蒸汽时，过热度应小于 10℃。

（5）环境温度为 5℃以上。

（6）溶液的循环量，高、低压发生器以溶液淹没传热管为合适，其他液面以达视液镜液面计中间为宜。

（7）冷剂水颜色白色透明，密度小于 1.04 t/m³。

（8）吸收损失应小于 1℃。

（9）发生泵、冷剂泵应工作稳定，电动机电流、温升应符合要求，出口压力值应符合技术指标，运转声音应正常。

（10）仪表指示应正确，安全保护装置应灵敏可靠。

第三节　制冷与空调设备安装相关作业安全操作要求

一、起重吊装与高空作业的安全要求

1. 起重吊装与高空作业的危险性

制冷与空调设备安装修理作业所使用的工种技能一般包括安装与维修钳工、管工、焊工、仪表工等工种，对于大型装置和设备的安装修理，还要有起重工和高空作业。安装修理人员可能在露天或室外作业，其工作对象可能是在建或新建的制冷与空调系统，也可能是正在运行的制冷装置，或是已经停车正等待进行抢修或计划检修的装置和设备。因此，安装修理的作业人员在工作现场遇到的情况是复杂多变的，还可能存在各种不安全的因素。

（1）起重作业危险性

为检修方便，大型制冷设备的厂房内一般装有电动或手动起重设备，安装检修中小型制冷设备也经常使用简易的起重机械。起重设备若本身有缺陷，使用不当，或指挥操作有误，就会发生挤压、坠落、物体打击和触电等事故。

（2）超高及高处设备危险性

高度在 2 m 以上或安装在地面 2 m 以上的设备，属于超高和高处安装设备。在对这些设备进行操作检修时，操作和检修人员需要在离地面 2 m 以上进行登高作业。一般规定离地面 2 m 以上即为高处作业。若高处作业场所未设扶梯、平台、栏杆等防护装置，或个人防护措施不当，则有可能发生高处坠落伤亡事故。

（3）运转设备危险性

制冷设备中的压缩机、泵及搅拌器等属于机械传动设备。若传动机械的外露部位，如传动带和带轮、传动轴和联轴器等，未装防护罩或防护装置损坏和有缺陷，则可对操作和检修人员造成碰撞、挤压、卷入、绞、碾等机械伤害。

运行中的转动机械轴封处因泄漏发生制冷剂喷溅，则有可能引发燃烧爆炸、中毒和对周围人员的化学性灼烫伤害。

2. 起重吊装与高空作业的安全要求

（1）安装维修前应取得安装维修任务书，按任务书要求认真落实各项安全措施，并履行各项作业（动火、动土、临时电源、高处作业等）审批手续。

（2）工作前要熟知制冷生产企业作业区的各种有关规定和标准，并仔细检查现场实际情况，发现问题及时处理。问题未解决，不准作业。在高处作业时，必须遵守《厂区高处作业安全规程》。立体交叉作业时，必须戴安全帽。

（3）现场作业时，所用的器材、机具、工具、吊具必须齐全完好、可靠，否则不许从事作业。吊运设备和管子前，必须对吊具认真检查，不得迁就使用。

（4）进入作业现场，必须按规定穿戴、配备好合乎要求的防护用品。同时，应掌握防护用品的正确使用和维护方法。

（5）在安装维修作业区进行维修、安装作业时，对工艺设备的动力源、物料源必须有切断、封堵、隔绝等可靠措施，并在醒目的地方悬挂警告标志。

（6）搬运安装管道时，要注意周围及现场电线情况，并统一指挥齐抬、齐放。使用扳手、管钳时，钳口要适当。操作时不准加管套。

（7）吊运物件必须遵守《天车工安全操作规程》。此外，天车工、搬运工还应密切配合。堆放物件要稳妥，不宜过高。设备管路有压力时，不准带压检修及从事安装工作。

（8）高处焊接、切割应遵守《高处作业安全规程》，系好安全带并设人员监护。焊接物下方不得有人或存在易燃易爆物品。

（9）在高处，分层交叉作业时，应将零部件工具放置稳妥。必要时拴好系牢，或放入工具袋（箱）内。紧固或拆卸螺栓，不可用力过猛。锯割物体、撤制管件不要用力过猛，注意安全着落，防止因重心偏移致伤及烫伤。

（10）在作业现场必须进行拦护。多人、多层、高空交叉作业时，应注意观察周围情况，并互相配合。

二、施工现场用电、防火防爆安全要求

1. 施工现场用电安全要求

（1）安全用电常识

1）制冷与电工学之间有着紧密的、不可分割的联系。作为一名制冷工，切实掌握一些安全用电常识是十分必要的。

2）安全用电的原则是不接触低压带电体，不接近高压带电体。当人体接触带电体时，就会有电流通过人体。该电流的频率、大小、途径、持续时间、接触面积，以及触电者本身的情况，如身体素质、接触部位及干湿情况等，直接决定着人体受电击的程度。

3）实践证明，频率为 25～300 Hz 的电流最为危险。当人体通过 1 mA 的工频电流时，就会有麻的感觉；当通过 50 mA 的工频电流时，就会有生命危险。当电流通过大脑和心脏时，危险性最大。触电的部

位越湿，通过人体的电流也越大。

4）不合理用电，不仅会导致机器设备烧毁或报废等重大事故，而且还易造成人体伤亡事故。

（2）施工现场用电安全要求

1）相线进入电器前必须先进开关。这样，当开关分断后，用电器上就不会带电。这不仅安全，且便于检修。作业人员应掌握一般电气知识，遵守安全规程，还应熟悉灭火技术、触电急救及人工呼吸方法。

2）合理选择导线及熔丝，切实保证线路的安全。

3）电气设备的金属外壳与电线之间必须有一定的绝缘电阻，并应经常检查绝缘材料的受损老化程度，防止设备外壳带电。

4）安装或检修电器时，应使用安全护具，如绝缘鞋、绝缘手套、专用工具等。在带电操作时，必须一人操作，一人监护。

5）正确使用手持电动工具。在带电设备附近，严禁使用钢卷尺、锯、锉等裸露金属工具进行有关操作。

6）拆下的裸露的带电接头，应及时用绝缘胶布包好，并置于人体不易碰到的地方。任何电气设备，在确认无电之前，应一律认为带电，故不可随意接触。

7）如需要进入容器内进行维修作业，应在作业前切断容器上的所有电源，进入容器只准使用电压不超过 12 V 的行灯照明。

8）机器设备试车前，应先检查机器各部件及防护装置是否完全装好，然后对转动部件进行盘车检查。试车后如发现问题需要继续修理时，应切断电源，拔掉保险。按要求对设备进行试压（试漏），确认无问题后方可运转。

9）下雨天不准进行露天焊接作业。在潮湿场所工作时，电焊机须经电工检查合格。工作人员应站在铺有绝缘物品的地方，以防触电。

10）工作完毕应检查和清理工作场地、消除火种，切断电源，然后方可离开。

2．施工现场防火防爆安全要求
（1）制冷与空调设备发生火灾、爆炸的原因

1）制冷设备中的高温部件与易燃物品紧密接触，会因散热不良而使电器绝缘加速老化，引起漏电，引发火灾。

2）焊接操作时，未对易燃物品做好隔离，由焊炬的高温火焰引燃易燃品或电线，引发火灾。另外，焊接使用的可燃气体和氧气钢瓶及连接软管因泄漏或安放的位置不当，当明火作业时易引起爆炸和火灾事故。

3）安装维修场地空气不流通，面积过于狭小，各类工具和易燃品、油脂物质混放，待维修的设备拥挤摆放，也是造成火灾的原因。

4）安装维修工作中，使用电热设备不正确，引燃易燃物等，都有可能发生火灾。

5）安装维修设备时，清洗剂或汽油气体体积分数较高时，很容易发生火灾和爆炸。

6）操作人员违反操作规程误操作，轻者造成设备损坏，重者引起制冷剂泄漏、火灾、爆炸等安全事故。

（2）防火、防爆安全要求

1）制冷设备应放置在通风良好的宽敞场地，周围应没有易燃易爆物品。检修设备时，要严格执行检修安全规程，按照产品说明书指示的正确方法使用操作设备。

2）维修场地或制冷设备内部，不得存放化学药品和易燃物，如酒精、无水氯化钙、甲醇及汽油等。维修中如需要此类物品，要将其存放在远离热源且干燥通风的地方。使用中要避免发生碰撞。使用后要及时盖上塞盖，放置在安全地点。

3）使用清洗剂检修制冷设备时，要掌握正确的使用方法，并使维修场地开窗通风。浸润化学药品、清洗剂或汽油的棉纱、纸张不得随意丢放。

4）焊接操作前，必须仔细检查瓶阀、连接软管及各个接头部分，不得漏气。焊接工件时，火焰方向应避开设备中的易燃易爆部位，并做好防火、防爆隔离。同时，亦应远离配电装置。焊接完毕后，要及时关闭各类气体钢瓶上的阀门。

5）焊炬应存放在安全地点，不得将焊炬放在有易燃、易爆危险、有腐蚀性气体及潮湿的环境中。

6）不得以焊炬替代其他工具使用，不得随意挥动点燃后的焊炬，避免伤人或引燃其他物品。

7）对制冷设备的塑料制品及易燃材料，禁止用明火加热。用无焰热源加热设备时，应有专人负责，按规定时间及时切断热源。

8）维修场地应首先明确各类设备的功率，安置符合要求的配电功率设施。对每台维修设备，应采用单独的供电线路，并防止电路中接入大功率设备后发生超负荷。

9）维修场所应配备必要的消防器材，如灭火器、消防沙等，要定期检验，按时更换，保证使用性能。

第七章　制冷与空调设备修理作业实际操作技能

第一节　制冷与空调设备拆卸检修安全操作技能

一、压缩机的拆卸和清洗

1. 拆卸步骤

（1）将制冷压缩机外表面擦干净，先拆下冷却水管和油管，再卸下吸气过滤器。

（2）拆开气缸盖，取出缓冲弹簧及排气阀组。

（3）放出曲轴箱内的润滑油，拆下侧盖。

（4）拆卸连杆下盖，取出连杆螺栓和大头下轴瓦。

（5）取出吸气阀片。

（6）用一副吊栓旋入气缸套顶端的螺孔中，取出气缸套。

（7）取出活塞连杆组。

（8）拆卸联轴器。

（9）卸下油泵盖，取出油泵。

2. 拆卸注意事项

（1）按顺序拆卸。

（2）在每一个部件上做出记号，防止方向、位置在组装时颠倒。

（3）拆下的零部件，应分别放置妥当，防止丢失或漏装。

（4）油管清洗后应用压缩空气吹拭，以校验其干净度和畅通度，合格后用塑料布绑扎封闭管端，防止污物进入。

（5）拆卸和清洗安装后的设备，不可用力过猛，锤击时必须垫以软材作为缓冲，密封部分可不必拆卸。

（6）拆卸后的开口销，应换上新的。

3. 设备的清洗

清洗分为初洗和净洗两个步骤。初洗时，应先除去加工面上的防锈油、油漆、铁锈、油泥等污物，用软质刮具刮，再用细布蘸上清洗剂擦洗，然后用煤油洗，直到基本干净为止。净洗是另换干净的煤油再洗（也可用汽油，清洗后应涂机油防止生锈），以洗净为止。

设备拆卸清洗的场地要清洁，要有防火设备。清洗时，应注意防止污物污染。

4. 设备的装配

制冷压缩机的装配应以先拆的后装，先内后外，先装成部件后总装的次序进行。装配的零部件清洗后，应涂上冷冻机油，各部件的配合间隙应符合设备技术文件的要求。装配好后应转动灵活。各部件的间隙，可根据具体情况采用千分尺、千分表、塞尺等量具直接测量，也可用透光等间接方法测量。

所有紧固件均应均匀紧固。所有锁紧件必须锁紧。开口销、弹簧卡、石棉橡胶垫片等均应按原规格更换，连接螺纹可用氧化铅—甘油或聚四氟乙烯塑料带、密封胶等密封。

制冷压缩机的其他部件（如供液阀、电磁阀、膨胀阀等）应清洁干净，开启灵活、可靠。各指示仪表、调节仪表应经过校验。

二、压缩机主要配合间隙

压缩机的主要配合间隙及测量方法如下。

（1）气缸余隙（要求为 1~1.6 mm）

用套管代替弹簧，将安全盖卡紧，在活塞顶部放置一根直径为 2.5 mm 熔丝（软铅丝），盘动联轴器一转后取出，用千分尺测量熔丝压扁后的厚度。

（2）活塞与气缸间隙（要求上部 0.37~0.49 mm，下部 0.28~0.36 mm）

用塞尺测量气缸与活塞的间隙，在气缸的上止点、下止点、中间

3 点，活塞的上、下、左、右 4 点测量。

（3）活塞环与环槽间隙（要求 0.05 ~ 0.09 mm）

将气环与油环放于环槽中，用塞尺测量前、后、左、右 4 点。

（4）活塞环在气缸内的锁口间隙（要求 0.7 ~ 1.1 mm）

将活塞环放在气缸内，用塞尺测量锁口间隙。

（5）吸气阀片开启高度（要求 2.5 mm）

用吸气阀座高度减去阀片厚度，每隔 120° 测量 1 点。最大 2.6 mm，最小 2.0 mm，平均 2.3 mm。

（6）排气阀片开启高度（要求 1.5 mm）

用塞尺测量 3 点，每隔 120° 测量 1 点，最大 1.68 mm，最小 1.48 mm，平均 1.58 mm。

（7）连杆大头轴向间隙（要求 0.8 ~ 1.12 mm）

拆卸前测量的间隙最大 0.795 mm，最小 0.61 mm。拆卸清洗装配后的间隙最大 0.83 mm，最小 0.60 mm。

（8）连杆小头轴向间隙

用塞尺测量，最大 4.625 mm，最小 3.545 mm，平均 4.177 mm。

（9）连杆大头径向间隙（要求 0.08 ~ 0.15 mm）

分别吊出曲柄销两边的两个活塞，依次用塞尺测量未拆卸下来的连杆大头径向间隙。测量完毕，将中间的两个活塞吊出，再把先吊出的两个活塞按原样装配好，用塞尺测量其间隙。

（10）油泵端主轴承径向间隙（要求 0.12 ~ 0.162 mm）

用塞尺测量。

三、溴化锂制冷机的水洗和溶液灌注

新的溴冷机组在经过严格的气密性检验以后，必须进行水洗。水洗的目的有三个：一是检查屏蔽泵的转向和运转性能；二是清洗内部系统的铁锈、油污；三是检查冷剂和溶液循环管路是否畅通。

1. 水洗前的准备工作

（1）检查屏蔽泵绝缘电阻。如果阻值较低，应打开接线盒，放置一段时间；如阻值过低，要将单体取下放入烘箱中烘烤。

（2）准备充足的软化水（或蒸馏水）和一个较大的容器。

（3）接通屏蔽泵电源。

（4）准备一根足够长的硬质胶管。

2．水洗

（1）将软化水（或蒸馏水）注入容器，通过橡胶管将水从容器吸入吸收器筒体内。水量要略多于溶液量。

（2）分别启动发生器泵和吸收器泵，判别转向的反正，查看电流是否正常，泵内有无"喀喀"的声音。如有以上情况，说明泵的转向相反，可在接线端将两根电源线互换调整。试转后，如发现电流过大或叶轮摩擦泵壳，则应拆泵调整或换泵。

（3）启动冷媒水泵和冷却水泵。

（4）向机组供给 0.1 ~ 0.3 MPa（表压）的蒸汽，连续运转 20 ~ 30 min。

（5）观察蒸发器视孔有无积水产生，如有积水，可启动蒸发器泵，间断地将蒸发器水盘内的水旁通至吸收器内；如无积水，说明管道堵塞，应分析原因，及时处理。

（6）清洗后将所有的对外阀门打开放气、放水。如果机体（比如放置较长时间的机组）内太脏，要反复进行上述过程，直至放出的水透明良好为止。

（7）清洗结束后，为了将水尽可能排净，应向机组充加少许压缩空气。

（8）以上工作完成后，应立即启动真空泵，抽气至相应温度下水的饱和蒸汽压状态。

3．灌注溶液

注入的溴化锂溶液的主要指标应符合国家标准。

进液时，应先将管口向上将输液管中充满溶液或蒸馏水，如图 7—1a 所示；一端用手掌堵住，一端与机组进液口相接，如图 7—1b 所示；将手掌堵住的这一端浸入容器内溶液的液面下，如图 7—1c 所示，打开进液阀，容器内的溶液将自动地吸入机体。按设计要求注够液量。

溴化锂溶液灌注完毕，应立即启动溶液泵，调整液位，以吸收器底部的视镜见到液位为准。启动真空泵，抽出残余的空气，即可进行运转状态的调试。

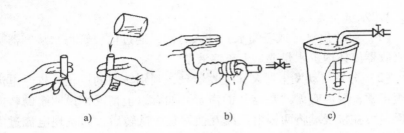

图 7—1　溶液灌注示意图

第二节　制冷与空调系统维修与试漏的安全操作技能

一、制冷压缩机的维修

1. 气缸及活塞组的修理

（1）气缸磨损、拉毛的修理

气缸内圆表面某处轻微磨损、拉毛时，允许用油石（最好采用半圆形油石）或金相砂纸加煤油进行手工研磨。对于磨损、拉毛比较严重的气缸，用刮刀刮去大毛刺后，多采用研磨机对气缸进行研磨处理。这种处理方法速度快且质量有保证。

（2）活塞及活塞环的修理

活塞在正常使用时磨损量很小，但缺油或异物进入气缸与活塞之间后，除气缸会拉毛外，活塞表面也会拉毛或损伤。修理时，用油石加煤油修平、磨光。

2. 气阀组的修理

对于翘曲严重或磨损厚度超过原厚度 1/3 的阀片不再修复，应更换新阀片。轻微的变形可进行研磨修理。研磨时先在研磨砂中加入适量冷冻机油，搅拌成稀糊状涂在研磨平板上，放上阀片用手按住，进行研磨。当阀片大面积研磨出来以后，用煤油洗干净平板和阀片，再涂细研磨粉或精磨粉进行精研和抛光，最后把阀片放在研磨过阀线的阀座上，加少许冷冻油进行对磨。最后在阀片上面倒上煤油，进行密封性检查，3~5 min 后没有滴漏现象即合格。

阀座阀线表面磨损也可用研磨的方法修理。如磨损较为严重，可在平面磨床上进行磨削，装配时也必须与阀片进行对研和密封性能检查。

3. 主轴承及连杆轴承的修理

（1）主轴承的修理

压缩机主轴承一般采用滑动轴承，轴承有厚壁和薄壁之分。薄壁瓦损坏熔化后，先把轴上的合金清除，再换上新的合金瓦片即可使用。若系原壁瓦，则需重新浇铸轴承合金，然后进行镗、车和手工刮研。

（2）连杆大头轴承的修理

新系列压缩机的连杆大头瓦都采用薄壁瓦，一般不允许刮削，轻微的伤痕可用刮刀作适当的刮削。损伤严重的应更换新瓦。更换时，应刮去新瓦油孔周围的毛刺和飞边，不要伤及油槽，更不能将油槽刮通。

（3）厚壁瓦磨损严重时，最好重新浇铸轴承合金。也可用调整垫片的办法进行补偿。

（4）连杆大头轴瓦重新浇铸，轴承合金与刮削要求和主轴相同，但曲轴必须水平放置，最好装在已经修好的前、后轴承上。

4. 轴封的修理

轴封是开启式压缩机上十分重要的部件，轴封泄漏又是压缩机常见故障，轴封好坏直接影响压缩机的运行。常见轴封有弹簧式和波纹管式两种。弹簧式轴封属于机械密封。

（1）弹簧式轴封的修理

1）弹簧的更换。轴封的弹簧在轴封部件中起很重要的作用，弹力的大小直接影响密封的好坏。弹簧弹力过大或不足，以及弹簧疲劳变形时都应更换。

2）摩擦环的修理。摩擦环包括动环、静环，表面出现拉毛伤痕时，可将摩擦环放在压砂平板上进行研磨，动环采用石墨环时也可以研磨。最后用汽油清洗干净，涂上冷冻机油。研磨无法解决时应更换新环。

3）密封橡胶圈的更换。密封橡胶圈老化、变形、表面起泡、失去弹性、密封性能变差、失去密封作用、无法进行恢复时更换新圈。

（2）波纹管式轴封的修理

损坏大多是波纹管胀裂、焊口开焊、摩擦环磨损、拉毛等。对磨损和伤痕可在研磨平板上进行研磨。波纹管用紫铜皮压制而成，与摩擦环用锡焊在一起，出现焊缝开裂可用电烙铁进行补焊。

5. 卸载机构的修理

卸载机构中，顶开吸气阀片的顶杆以及与顶杆配合的转动环上的斜槽容易磨损。当顶杆磨损超过规定长度后，将顶不开吸气阀片，阀座经过多次研磨后，顶杆又会相对地变长，卸载时造成顶杆本身弯曲或将阀片顶变形。此时可用锉刀或在砂轮机上将顶杆修到规定尺寸。顶杆过短则更换。转动环个别斜槽磨损，表面不平时，用锉刀修平。

二、热交换设备的维修

制冷系统中的冷凝器、蒸发器、冷却排管、中间冷却器等设备都属热交换设备。这些设备在运行中与制冷剂、冷却水、载冷剂——水和盐水长期接触。受这些介质的侵蚀和压力、温度变化的影响，其结构可能发生变形甚至厚度减薄、管道堵塞，如忽视对这些设备的定期检查和计划修理，轻者影响制冷系统的正常运行，重者有发生事故的可能。

对于换热设备，根据有关资料介绍和实际使用情况，原则上每年应进行一次大修，每运行700 h后应进行一次中修。维修内容包括检查载冷剂和冷却水侧是否发生腐蚀，防腐层是否脱落，清洗管板面和传热管等。对于工作满5年的换热设备，大修时应选择典型传热管，如表面有腐蚀痕迹的管子，拔出进行割管检查，决定是否需要更换。

1. 传热管污染、堵塞的修理

热交换设备的主要修理工作是：

（1）压缩空气吹除

对于油污或灰尘形成的污染和堵塞，一般用 0.6 MPa 压力的压缩空气进行吹除；小型换热设备可采用工业氮进行吹除。吹除之前应放掉或抽净设备内的制冷剂和积水，氨制冷系统要特别注意安全，直至吹出的气体中没有油污或杂质时为止。

（2）手工刷洗清污

手工清除管子外表面及散热器表面聚积的污垢，可用钢或铜丝刷进行刷洗。清洗卧式壳管式冷凝器传热管内的污垢时，可用螺旋形钢丝刷、铁棒之类的工具在管子内来回小心地拉刷，然后用压缩空气或带压力的水进行清洗。也可用定型的软轴洗管器滚刮。

（3）化学清洗水垢

化学清洗水垢一般叫酸洗，对不能直接用手工方法清洗的换热设备和结垢严重的管道多采用此法。

酸洗法除垢有酸泵循环法和灌入法（直接将配制好的酸洗溶液倒入换热管子）两种。

1）酸泵循环法

①首先将制冷剂全部抽出，关闭冷凝器的进水阀，放净管道内积水，拆掉进水管，将冷凝器进、出水接头用相同直径的水管（最好采用耐酸塑料管）接入酸洗系统中，如图 7—2 所示。

②向用塑料板制成的溶液箱中倒入适量的酸洗液。开动耐酸泵，使酸洗液在冷凝器管中循环流动，使水垢溶解脱落。

③酸洗后，停止耐酸泵工作，打开冷凝器的两端封头，用刷子在管内来回拉刷，然后用水冲洗一遍。重新装好两端封头，利用原设

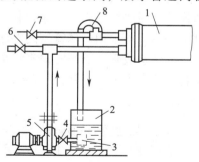

图 7—2 酸洗法除垢
1—冷凝器 2—溶液箱 3—过滤网
4、6、7—截止阀 5—耐酸泵
8—回流弯管

备换用1%氢氧化钠溶液进行循环流动清洗，中和残存在管道中的盐酸清洗液。最后再换用清水清洗两遍。

2）灌入法除垢如图7—3所示。

开始时慢慢地向冷凝器中倒入酸洗液，观察排气口没有气体排出时，在冷凝器中倒满酸洗液后放置浸泡，然后放掉酸洗液，用清水冲洗数遍即可。

不管采用何种除垢方法，除垢工作完成后，都应对换热设备进行打压试验，检查管道是否因除垢而造成渗漏或损坏。

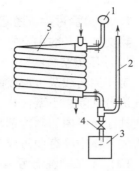

图7—3　灌入法除垢
1—清洗液入口管　2—排气管
3—水箱　4—截止阀
5—套管式冷凝器

2. 漏水管子的修理

因腐蚀原因造成漏水时，如果是均匀腐蚀，则所有管子都可能因腐蚀而造成管壁减薄，此时应更换所有管子或换热器；如果是管子的某一处或某一点因腐蚀而漏水，则将漏水管子抽出更换新管。

因管子质量或制造加工不好造成漏水时，应确定是某一根还是全部漏。单根或少量漏时，可更换漏水的管子，若多数管子漏水，则换掉全部管子。

管子因胀接、焊接不好造成漏水时，应对漏水部位进行补焊或重新连接。对胀接的管子，胀口松动时，可以进行扩胀。管板的管孔受到损伤后，可采用焊接管塞的办法修复。

冻结造成管子破裂时，很可能有很多管子同时冻裂，此时应更换新管。若只有1～2根管子破裂，可采用管塞闷死或焊死的办法进行处理。

3. 传热管变形的修理

受压变形严重的管段可用手锯截去，然后更换同等长度、同等规格、同样材料的管子。更换前应将系统制冷剂抽净，两管对接处必须加直径合适的套管后进行焊接。不允许在两管对接处用细管插接，不允许在氨味较大的情况下进行焊接，以保证焊接质量和人身安全。

三、溴化锂吸收式机组的结晶与溶晶

1. 溴化锂溶液的结晶与溶晶

（1）停机期间的结晶与溶晶

停机期间，由于溶液在停机时稀释不足或环境温度过低等原因，使得溴化锂溶液质量分数下降到平衡图下方而结晶。一旦结晶，溶液泵就无法运行。可按下述方法溶晶：

1）用蒸汽对溶液泵壳和进出口管加热，直到泵能够运转。加热时注意不让蒸汽和凝水进入电动机和控制设备。

2）屏蔽泵是否运行不能直接观察。如溶液泵出口处未装真空压力表，可在取样阀处装表。如真空压力表上指示值为 0.1 MPa，表示泵内及出口结晶未消除。如表指示为高真空，表明泵不运转，机内部分结晶，应继续用蒸汽加热。但需注意有时溶液泵扬程不高，取样阀处压力总低于 0.1 MPa，这时应用取样器取样，或者观察吸收器喷淋状况及发生器有无液位，也可以听泵出口管内有无溶液流动声音来判断结晶是否已溶解。

（2）运行期间结晶与溶晶

1）机组运行中应注意观察结晶征兆。机组运行中最易出现结晶的部位是溶液热交换器的浓溶液侧及浓溶液出口处，因为这里是溶液的质量分数最高及浓溶液温度最低处。在全负荷运行时，溶晶管不热，说明机组正常。一旦出现结晶，由于浓溶液出口堵塞，发生器液位升高。当液位升至溶晶管位置时，溶液绕过低温热交换器，直接从溶晶管回到吸收器。这时，低压发生器液位高，吸收器液位较低，机组性能下降。

2）需注意的是，溶晶管热起来不全是由机组结晶引起的。如溶液循环量不当也会引起溶晶管发热。如果结晶引起溶晶管发热，因为浓溶液在热交换器中滞流，甚至停流，则会导致热交换器出口稀溶液温度降低，热交换器表面温度降低。若是溶液循环量不当引起的溶晶管发热，则无此现象，需注意区分。

3）轻微结晶的机组自动溶晶。结晶比较轻微时，温度高的浓溶液经溶晶管直接进入吸收器，使稀溶液温度升高。稀溶液经过热交换器时，对壳体侧结晶的浓溶液加热，将结晶溶解，浓溶液又可经热交换

器到吸收器喷淋，此时低压发生器液位下降，机组恢复正常。

（3）人工溶晶方法

1）机组运行溶晶

①关小热源阀，减小供热量。降低发生器溶液温度，降低溶液质量分数。

②关闭冷却塔风机或减小冷却水流量，升高稀溶液温度（一般控制在60℃左右）。

③为使溶液质量分数降低，或不使吸收器液位过低，可将冷剂泵再生阀缓慢打开，使部分冷剂水旁通到吸收器。

④机组继续运行，由于稀溶液温度升高，经过热交换器时加热壳体侧结晶的浓溶液，经过一定时间结晶可消除。

2）溶液泵间歇启动和停止溶晶

①为使溶液不被过分浓缩，关小热源阀门，关闭冷却水。

②打开冷剂水旁通阀，将冷剂水通至吸收器。

③停止溶液泵运行。

④待高温溶液通过稀溶液管路流下后，再启动溶液泵。当高温溶液被加热后，暂停溶液泵运转，如此反复操作。在热交换器内结晶的浓溶液中的晶体，将受发生器回来的高温溶液加热而溶解。不过，这种方法不适用于浓溶液从稀溶液管路流回到吸收器的机组。

3）间歇启、停溶液泵并加热溶晶

①用蒸汽软管加热热交换器。

②溶液泵因内部结晶不能运行时，应对泵壳、连接管一起加热。

③对溶液管道、热交换器和吸收器中引起结晶的部位进行加热。

④溶液泵间歇启、停运转。

⑤溶晶后机组启动，如抽气管路结晶，也应溶晶。若抽气装置不起作用，不凝性气体无法排除，随着机组运行又会重新结晶。

⑥查明结晶原因，并采取相应措施。如高温溶液热交换器内发生结晶问题，高压发生器液位将升高，这是因为高压发生器没有溶晶管，同样需要采用溶液泵间歇运转方法，利用温度较高的溶液回流来消除结晶。

（4）机组启动时的结晶问题与溶晶

机组启动时，由于冷却水温度低，机内有不凝性气体或热源阀门开得过大等原因，将使溶液产生结晶。

1）微开热源阀门，向机组微量供热，通过传热管加热结晶的溶液，使结晶溶解。

2）为加速溶晶，可外用蒸汽全面加热发生器壳体。

3）结晶溶解后，启动溶液泵，待机内溶液混合均匀后，正式启动机组。

4）如果低温溶液热交换器和发生器同时出现结晶问题。应先处理发生器结晶问题，再处理溶液热交换器的结晶问题。

2. 制冷系统的打压试漏、抽真空

（1）制冷与空调系统检漏的主要方法

1）压力检漏。

在制冷系统内充注一定压力的氮气或压缩空气，然后观察压力表指针变化，据此可以判断制冷系统内的泄漏情况。

2）肥皂水检漏。

在试压和维修过程中，这是常用的检漏方法。它也适用于制冷系统内制冷剂没有完全泄漏的情况。其做法是将肥皂液用毛刷涂抹在可能泄漏的地方，若有气泡出现，则说明该处即是泄漏点。根据气泡大小，可判断泄漏程度。

3）仪器检漏。

常用于氟利昂制冷系统的检漏。

①卤素灯检漏。卤素灯头小孔喷出的火焰与氟利昂气体相接触时，将使火焰由原来的淡蓝色变为绿色或紫色。因此，根据火焰颜色是否变化来判断系统泄漏以及泄漏量大小。

②电子检漏仪。使用电子检漏仪检漏时要将探头沿管路缓慢移动，探头移动速度 <50 mm/s，与管路距离 3~5 mm。一旦遇有氟利昂泄漏时，电子检漏仪即发出警报声。应注意的是，由于电子检漏仪灵敏度高，检漏时室内必须通风良好。它不能在有卤素物质或其他烟雾污染的环境中使用。

4）抽真空检漏。开启系统上所有连接的阀门，关闭与大气相通的阀门，开启压缩机的排气阀。用耐压橡胶管将真空泵吸入口与系统制冷剂注入阀连接好，同时串接真空压力表。当抽真空使系统处在负压状态时，关闭制冷剂注入阀，停真空泵，保持真空度 12 h，观察真空压力表的指针上升变化。若压力升至 0 MPa，说明系统有泄漏处。然后，选择压力检漏的方法找出泄漏点。另外，封闭、半封闭式压缩机的制冷系统可用压缩机自行抽真空。其操作过程是开启系统上所有阀门，关闭所有与大气相通的阀门，关闭压缩机的排气阀，开启压缩机的吸气阀和排空阀，开启压缩机抽出系统内空气，由排空阀排出。当系统处于负压状态时，关闭排空阀。观察系统内真空度变化，判断是否有漏点。

5）化学试纸检漏。常用于氨制冷系统检漏。操作方法是用酚酞化学试纸仔细检查螺纹和法兰连接处以及焊口，若化学试纸变成粉红色，说明该处有泄漏。把每个泄漏点做好标记，并应在系统内氨放净后进行补焊。

（2）系统试压检漏安全操作方法

1）氟利昂制冷系统试压。氟利昂制冷系统一般采用氮气试压。瓶装氮气压力较高，可达 15 MPa，因此使用时在氮气瓶安装减压表，保证试压操作的安全。小型氟利昂制冷系统的试压压力为 0.6 ~ 0.8 MPa，环境温度变化不大时，24 h 之后系统压力不变，便证明系统密封性合格。否则，应检查泄漏点并加以修补，然后重新试压，直到合格。

2）另外也可采用系统以一台制冷压缩机进行试压，其操作过程：在压缩机吸入口捆绑过滤白布，间隔开启压缩机，逐渐升高压力至气密性试验压力。此过程中严格控制排气温度低于 120℃，油压不低于 0.3 MPa，压缩机吸、排气压力差 <1.4 MPa。

制冷系统的试压检漏过程中必须保证人身及设备的安全，避免意外事故发生。首先，严禁用氧气或其他可燃气体进行试压，以防发生爆炸。其次，查出泄漏点或需补焊部位后，必须待系统压力降到大气压力方可进行焊接作业。同时，应将系统内的氨泵、液位指示器等设备的控制阀关闭，以免损坏。

（3）溴冷机的正压检漏

1）打压。利用空气压缩机直接充入空气至相应压力。适用于未灌注溶液的新机组；氮气打压，即向机体内充入高压氮气；不仅适用于新机组的调试工作，更适用于机组内有溴化锂溶液情况下的找漏工作。

①空气压缩机打压。按照空压机→胶管→机组的顺序连接好，将两端的胶管接口用铅丝扎牢，以防自动崩落；接好测压仪表（一般为U形水银差压计），即可启动空压机进行打压。

②氮气打压。如果机组存有溶液，应事先将机组内抽气至最高极限，然后对其充注氮气。充气至超过一定值时可出液，待出净后再继续升压。无溶液的机组可省略以上步骤。使用氮气打压前，要按使用氧气的同样方法装好打压表的输气管，机组的一端暂时不接，迅速打开氮气瓶开口处的螺母，使气压表工作，慢慢打开气压表出口处的针阀，将管内的空气顶出，然后将输气管口与机组相应管口相接，打开机组阀门，逐渐加大输气量，至气压达到要求为止。

2）检漏。为了做到不漏检，检漏前可把机组分成以下几个检漏单元：高、低压发生器及冷凝器壳体；吸收器、蒸发器壳体；溶液热交换器、凝水回热器、抽气装置壳体；管道；法兰、阀门、泵体；传热管。

可直接用肥皂水涂刷在壁面（尤其是焊缝）上检漏，看有无连续的气泡生成。

凡漏气部位必须采取补漏措施，直至复查时不漏为止。

3）补漏。补漏工作在泄压后完成。对金属焊接的砂眼、裂缝等处应采取补焊方式；传热管胀口松胀可用胀管器补胀；管壁破裂可换管或两端用铜销堵塞；真空隔膜阀的胶垫或阀体泄漏应予以更换。

补焊后可再行打压，待压力稳定一定时间（尽可能长）后再检查，如仍有泄漏还需再行找漏，直到无明显泄漏为止。

4）保压。检查机组无泄漏时，可对机组做保压检查。

（4）溴冷机的卤素检漏

为进一步提高机组的气密性，正压检漏合格后，应进行卤素检查。卤素检查用电子卤素检漏仪（晶体管检漏仪）。卤素检漏仪有较高的灵敏度，经压力检漏，在机组泄漏基本消除后，再作卤素检漏。由于溴化锂吸收式机组体积较大，连接部位多，易产生漏检现象，且卤素检漏法也是用正压检漏，与机组运行状态恰恰相反，故目前卤素检漏结果也不能作为机组密封检验合格的最终标准。

（5）溴冷机的负压检漏

找漏和补漏合格，并不意味着机组绝对不漏。由于制冷机组的大部分热质交换过程均在真空下进行，因此，高真空的负压检漏结果，才是判定机组气密性程度的唯一标准。

1）负压检漏的方法和步骤

①将机组通往大气的阀门全部关闭。

②用真空泵将机组抽至 50 Pa 绝对压力。

③记录当时的大气压力、温度，以及 U 形管上的水银柱高度差。

④保持 24 h 后，再记录当时的大气压力、温度，以及 U 形管上水银柱高度差。

⑤U 形管水银差压计只能读出大气压与机组内绝对压力的差值，即机组内的真空度。绝对压力则为大气压与真空度之差。因此，机内绝对压力的变化同样与大气压力和温度有关。要扣除由于大气压和温度的变化而引起机组内气体绝对压力的变化。若机组内的绝对压力升高不超过 5 Pa（制冷量小于或等于 1 250 kW 的机组允许不超过 10 Pa），则机组在真空状态下的气密性是合格的。

如果机组负压检验不合格，仍需将机组内充以氮气，重新用正压检漏法进行检漏，消除泄漏后，再重复上述的真空检漏步骤，直至达到真空检漏合格为止。

2）负压检漏注意事项。溴冷机如存有水分，当机组内压力抽到当时水温对应的饱和蒸汽压力时，水就会蒸发，从而很难将机组抽真空至绝对压力 133 Pa 以下。此时应将机组的绝对压力抽至高于当时水温对应的饱和蒸汽压力，避免水蒸发。通常抽至 9.33 kPa（对应水蒸发温度为 44.5℃），同样保持 24 h，并记录试验前、后大气压力、气温及 U 形管上水银柱高度差。考虑大气压及温度的影响后，若机组内绝对压力上升不超过 5 Pa，则同样认为设备在真空状态下的气密性是合格的。

机组内含水分后的负压检漏，是一项较难把握的工作，因此，一般情况应在机内不含水分的情况下进行负压检漏。机组内若含有水分，除了上述检漏方法外，还可采用一种简易的气泡法检验。检验方法如下：将真空泵的排气接管浸入油中，计数 1 min 或数分钟逸出油面的气泡数，放置 24 h 后，再启动真空泵，计数逸出油面的气泡数。二者相差若在设想的范围内，则视为机组气密性合格。

四、充注、回收制冷剂的安全操作方法与安全要求

1. 充注、回收制冷剂的安全操作要求

系统试压检漏合格并抽真空后，即可充注制冷剂。充注方法有两种：一是从制冷系统的低压侧充注，充入的是制冷剂蒸气；二是从制冷系统的高压侧充注，充入的是制冷剂液体，并严格定量充注。

（1）低压侧充注

多用于充注小型制冷装置或向系统内补充制冷剂。安全操作过程是：制冷剂钢瓶竖直放在磅秤上，用铜管把压缩机旁通接头与制冷剂钢瓶连接起来，压缩机吸气阀逆时针旋转，缓慢打开氟钢瓶排除连接管内的空气后，拧紧接头，关闭钢瓶阀门，称钢瓶重量并做好记录。打开压缩机排气阀，开启钢瓶阀门，然后顺时针方向转动吸气阀，将旁通孔接通，制冷剂蒸气进入压缩机内，启动压缩机连续抽气充灌，直到磅秤显示达到所需的充氟量时，先关闭制冷剂钢瓶阀门，随后关闭压缩机吸气阀门旁通孔，拆下连接管，拧上吸气阀旁通孔旋塞。有时为加快制冷剂充注速度，将制冷剂钢瓶放入盛有 50~60℃ 温水的容器中，提高钢瓶温度，增大钢瓶内蒸气压力。但应控制水温，避免温度过高导致钢瓶内压力过高而引起钢瓶爆炸。另外，严禁将钢瓶倒置，以防制冷剂液体直接进入压缩机吸气室，造成"液击"或冲缸事故。

（2）高压侧充注

多用于大、中型制冷系统的制冷剂充注。其操作方法与低压侧充注基本相同，所不同的是高压侧充注的是制冷剂液体。充注时，氟瓶位置应高于冷凝器或储液器，并倾斜放置在磅秤上，依靠钢瓶的位差和其内的压力差使液体制冷剂充入系统，并达到所要求的充注量。

（3）氨制冷系统充注

方法与氟利昂充注基本相同。首次系统充氨，应将系统抽真空，利用氨瓶与系统内的压差，将氨液直接注入系统。系统内压力达到 0.2 MPa 时，停止充注。用酚酞试纸在连接处检漏。无泄漏继续充注，当压力达到平衡时，关闭节流阀前的总供液阀，同时关闭系统高、低压部分之间的阀门，启动冷却水泵和压缩机让氨液继续充注。氨液储存于冷凝器或储液器中。第一次充氨，应把充注量控制在系统充注量

的 60% ~ 80% 。氨具有强烈刺激性臭味，对人体皮肤、呼吸道有毒害作用。氨气易燃、易爆，因此，充注时除做好各项充注准备工作外，还应做好以下安全方面工作：

1）严格按照充氨操作安全规程进行充氨。

2）充氨前应准备好防毒面具、口罩、胶皮手套等防护用具，并将冷冻设备房间的门窗打开保证通风良好。

3）掌握现场急救方法和安全常识。

4）现场必须配备灭火器具。

2. 制冷剂回收的安全操作要求

小型制冷装置如空调器拆卸前，首先要将制冷剂收回到室外机的冷凝器中。其具体操作方法是：关闭室外机供液截止阀，启动压缩机，蒸发器和配管中的制冷剂被压缩机通过吸气截止阀吸入并压缩排入冷凝器。压缩机运转 3 ~ 5 min，或在回气截止阀的旁通阀接一只压力表，表压指示值为 − 0.1 MPa 不再回升时，结束收储。关闭回气截止阀，拧下连接管处螺母，并将截止阀口用封帽旋紧，避免污物、水进入截止阀。

大、中型制冷系统拆卸前，由于维修设备或系统停止使用，应先将系统内制冷剂收入备用制冷剂容器中，以免放到空气中造成污染和浪费，设备安排如图 7—4 所示。操作过程如下：

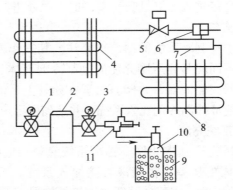

图 7—4　制冷剂排入容器中的方法

1—低压截止阀　2—压缩机　3—高压截止阀　4—蒸发器

5—膨胀阀　6—电磁阀　7—储液器　8—冷凝器

9—冷水容器　10—制冷剂容器　11—高压三通阀

（1）将盛装制冷剂的钢瓶抽真空后，放在盛有冷水的容器中，以加速制冷剂蒸气在钢瓶内的液化。

（2）将压缩机上的高压截止阀逆时针方向倒足，拧下旁通孔的堵塞，用铜管将其与钢瓶连接起来。

（3）启动制冷装置按正常工作运行，顺时针方向旋转高压截止阀上的调整杆，使制冷剂蒸气通过连接在旁通阀孔上的铜管，进入浸泡在冷水中的制冷剂钢瓶，冷凝成液体。

（4）观察低压压力表，其压力降至 0 MPa 时，可停止压缩机运转。压力表无回升说明制冷剂已吸取干净。否则，重新启动压缩机，继续吸取。

（5）结束时，先停止压缩机，再关闭钢瓶阀门，逆时针倒足高压截止阀的调整杆，卸下回收制冷剂的工具。

回收制冷剂过程中应将系统的低压继电器短路，以免压缩机因低压压力降低而停机。系统中有电磁阀时，应使电磁阀处于打开状态，同时尽可能地提高蒸发器的表面温度，以提高制冷剂回收速度。

第三节　制冷与空调设备冷水处理系统的安全操作技能

一、冷却塔与冷水系统的安全要求

在制冷空调设备中，常用水来冷却工艺介质，使压缩机、冷凝器等温度降低，该系统称冷却水系统。另外，以水作为载冷剂传递和输送冷量的系统称冷冻水系统。

1. 冷冻水系统

冷冻水作为输送和传递冷量的中间媒介，也称冷媒水。通过水泵加压输送冷冻水的系统，称作压力回水系统。压力式回水系统分敞开式和封闭式两种。

为保证冷冻水系统正常、安全运行，必须做到以下几点：

（1）在冷冻水系统中应安装断水保护装置和温度控制装置，一旦断水或水流量不足，系统断水保护装置能够正常工作，切断压缩机电源，使系统停止运行。冷冻水出水温度应不低于2℃，一般为5～10℃。同时断水保护装置、温度控制装置应有故障指示和报警功能。

（2）冷冻水进水管上应设水压表，进水口设温度计。冷冻水与冷却水出水温差应≥20℃。

（3）冷冻水系统中应安装水过滤器并使其能够正常工作，避免对水泵和系统运行带来不利影响。

2. 冷却水系统

在制冷空调系统中，通过热交换，冷却水一般升温4～6℃。为了充分利用这些冷却水，常采用冷却水循环系统。冷却水循环系统分为开式和闭式两种。

（1）开式冷却水循环系统

该系统可使冷却水循环再利用，避免了水资源的损失。冷却水在循环过程中通过冷却塔不断蒸发以及水与空气的接触将有损失，使其中矿物质和离子不断被浓缩。因此系统在排出一定的浓缩水（排污水）的同时，须补充一定量新的冷却水。新的冷却水补充前应经过系统中的水过滤装置滤除杂质。

（2）闭式冷却水循环系统

在冷却水循环过程中不暴露于空气中，水量损失较少。因此，循环水中的矿物质和离子含量基本不变，而水的再冷却则在另一热交换设备中进行。

3. 冷水水质的安全要求

冷却水受环境影响比较大，开式冷却水循环系统因受环境和水质的影响，会造成冷却系统设备的腐蚀、结垢以及出现细菌藻类的繁殖，严重时会产生黏泥并堵塞管道和设备。封闭式冷却水循环普遍存在的多是腐蚀问题。这些问题会造成制冷剂泄漏，导致产生更严重的后果。因此冷却水水质的优劣直接影响换热效果、能源消耗，以及设备的运行工况、使用安全和寿命。

冷却水水质的安全要求见表7—1。在冷却系统运行中，应注意清除水垢和微生物，降低冷却水的硬度，控制水质，以确保冷却塔的正常运行。

表7—1　　　　　　　　　　冷却水水质的安全要求

项　　目	单位	基准值	
		冷却水	补充水
酸碱度 pH（25℃）	—	6.5~8	6.5~8
电导率（25℃）	μS/cm	<800	<200
氯离子 Cl^-	mg/L mg/L	<200 <200	<50 <50
硫酸根 SO_4^{2-}	mg/L mg/L	<100 <200	<50 <50
酸消耗量（pH=4.8）			
全硬度 $CaCO_3$			

二、冷却水质处理

其处理方法主要有物理方法和化学方法两类。

（1）物理方法一般采用离子交换、磁水器、电子水处理装置对制冷、空调中的水进行处理。以上方法在一定水质情况下有较好的阻垢作用，但防腐蚀效果较差，因而会使冷却水系统、被冷却设备发生严重的腐蚀。

（2）化学方法主要采用配好的化学药剂对空调冷水系统和冷却水系统实施处理。化学除垢法是利用化学方法使溶解度小的盐变为溶解度大的盐，借以提高循环水的碳酸盐含量极限，增加循环水的稳定性。常用的化学除垢方法有酸化法、磷化法等。

从目前现有技术和具体实施情况看，用化学药剂方法处理冷却水，运行费用较低，符合绿色环保要求，符合国家技术监督局与国家建设部发布的国家标准。

第四节 制冷与空调设备管道阀门检修的安全操作技能

一、管道与阀门的修理安全

制冷系统中的仪表、管道和阀门，运行过程中会发生连接松动、防腐层脱落、焊缝开裂、穿孔、阀杆变形、密封件泄漏、阀门不能正常启闭等故障。这些故障会直接影响制冷系统的正常运行和安全。

1. 仪表、管道维修

表面锈蚀处理。

（1）刷防腐材料。表面防腐层脱落的管道，先将氧化皮、铁锈、灰尘、污垢等清除干净。对于钢管和黑色金属先用红丹油性防锈底漆涂刷2～3遍。最后按要求涂刷面漆。

（2）对于锈层脱落、壁厚减薄、腐蚀严重的管道，应选用同样材质、同等直径和壁厚的管子进行更换。

2. 局部弯曲变形的处理

（1）变形不严重的管道，可在变形部位适当增加支撑点。对于紫铜管可用氧化焰进行加热，然后用手慢慢地将弯曲部位恢复。

（2）对于变形严重的管道应将弯曲部分截掉，放在校直机上校直或手工校直后再与原管道焊接。

（3）管道受外力破坏，局部砸扁或形成死弯时，则更换管道。

3. 裂缝和小孔的处理

对于不深的裂缝和针状小孔，应清除表面污垢，露出金属光泽，按焊接工艺要求进行补焊。对紫铜管宜采用流动性好的银焊条进行补焊。

4. 其他

（1）紫铜管采用活接头连接时，对喇叭口破裂采用氧焰先回火，然后用胀管器重新扩制喇叭口。

（2）法兰连接的管道，对安装时对中不好，使法兰面不能很好贴合或连接螺栓孔错位时，应将变形、错位管道切断，重新进行定位后再焊接。

二、阀门修理

（1）泄漏的修理

阀杆密封处有轻微泄漏时，可用手旋紧填料密封压盖，做到不漏，不影响阀杆转动。旋紧密封填料压盖，泄漏仍不能排除时，应增加或更换填料。

（2）密封不严的修理

脏物粘在阀芯和密封面上造成阀门关闭不严时，可将阀门拆下清洗。

大口径阀门阀芯表面巴氏合金磨损或硬物划伤时，可用砂纸或锉刀修理。如磨损严重，应重新浇铸巴氏合金。阀芯与阀座的密封面为环形线密封时，如密封线破坏，可将阀杆连同阀芯一同取出清洗，然后把细研磨料放在阀座密封面上，用阀芯与阀座对研。待密封面光滑、密封线上的划痕或凹坑完全消失后，用煤油清洗，然后再用机油作磨料进行阀芯与阀座的对研，直到完全接触为止。

修理好的阀门必须进行密封性能试验。一般在现场采用关死阀门，倒上煤油检查密封性能的方法。

第五节　制冷与空调设备修理作业安全要求

一、电气安全知识

1. 电源对人体的伤害

（1）电击

电击是通过电流对人体内部器官在生理上的伤害。它们包括刺痛、灼热感、痉挛、麻痹、昏迷、心室颤动或停跳、呼吸困难或停止等。

（2）电伤

电伤是电流对人体造成的外伤。

1）电灼伤。电灼伤有接触灼伤和电弧灼伤两种。接触灼伤发生在高压触电事故时，在电流通过人体皮肤的进、出口处造成的灼伤。电弧灼伤是在误操作或人体过分接近高压带电体时，发生电弧放电造成的皮肤烧伤。

2）电烙印。电烙印发生在人体与带电体有良好的接触的情况下，将在皮肤表面上留下和被接触带电体形状相似的肿块痕迹。有时在触电后并不立即出现，而是相隔一段时间后才出现。电烙印一般不发炎或化脓，但往往造成局部麻木和失去知觉。

3）皮肤金属化。由于电弧的温度极高（中心温度可达6 000 ~ 10 000℃），可使其周围的金属熔化、蒸发并飞溅到皮肤表层而使皮肤金属化。金属化的皮肤表面变得粗糙坚硬，肤色与金属种类有关。金属化后的皮肤经过一段时间会自行脱落，一般不会留下不良后果。

2. 安全用电常识

（1）制冷与电工学之间有着紧密的、不可分割的联系。作为一名制冷工，切实掌握一些安全用电常识是十分必要的。

（2）安全用电的原则是不接触低压带电体，不接近高压带电体。当人体接触带电体时，就会有电流通过人体。该电流的频率、大小、途径、持续时间、接触面积，以及触电者本身的情况，如身体素质、接触部位及干湿情况等，直接决定着人体受电击的程度。

（3）实践证明，频率为 25 ~ 300 Hz 的电流最为危险。当人体通过 1 mA 的工频电流时，就会有麻的感觉；当通过 50 mA 的工频电流时，就会有生命危险。当电流通过大脑和心脏时，危险性最大。触电的部位越湿，通过人体的电流也越大。

（4）不合理用电，不仅会导致机器设备烧毁或报废等重大事故，而且还易造成人体伤亡事故。

3. 安全用电的主要措施

（1）相线进入电器前必须先进开关。这样，当开关分断后，用电器上就不会带电。这不仅安全，且便于检修。

（2）合理选择导线及熔丝，切实保证线路的安全。

（3）电气设备的金属外壳与电线之间必须有一定的绝缘电阻，并应经常检查绝缘材料的受损老化程度，防止设备外壳带电。

（4）安装或检修电器时，应使用安全护具，如绝缘鞋、绝缘手套、专用工具等。在带电操作时，必须一人操作，一人监护。

（5）正确使用手持电动工具。

（6）在带电设备附近，严禁使用钢卷尺、锯、锉等裸露金属工具进行有关操作。

（7）拆下的裸露的带电接头，应及时用绝缘胶布包好，并置于人体不易碰到的地方。

（8）任何电气设备，在确认无电之前，应一律认为带电，故不可随意接触。

4. 电气设备的保护接地和保护接零

（1）保护接地即将电气设备在正常情况下不带电的金属外壳或构架，与大地之间作良好的金属连接，如图7—5所示。通常是采用深埋在地下的角铁、钢管等作为接地体。10 kV 系统的接地电阻不得高于 4 Ω，1 kV 以下不得高于 10 Ω。

采用接地后，当人体触及漏电的金属外壳时，相当于人体电阻与接地电阻并联，由于前者比后者大数百倍到数万倍，所以，电流几乎全部经接地电阻流入大地，保证人身的安全。

（2）保护接零即将电气设备在正常情况下不带电的金属外壳或构架，与供电线路的零线相连接，如图7—6所示。

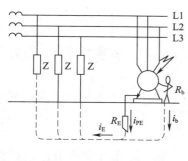

图7—5　保护接地

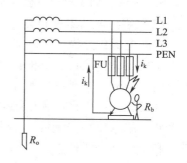

图7—6　保护接零

采用接零后，当电气设备的某相电线绝缘损坏而碰壳时，相当于该相电路短路，短路电流迅速将熔丝熔断或使其他保护电器动作，切断电源，消除人体触电的危险。

（3）电气设备采用保护接地或保护接零时，必须注意以下几点：

1）在同一供电系统中，绝不允许将一部分电气设备接地，另一部分电气设备接零。

2）在中线不直接接地线路中，不允许采用保护接零。

3）采用保护接零时，单相用电器的正确接法，如图 7—7 所示。但在三相供电线路中，中线上绝不允许设置熔断器或开关，以免零线中断，失去保护作用。

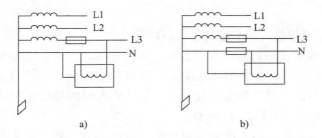

图 7—7　单相用电器保护接零的正确接法

4）为确保接零的可靠性，防止零线中断，可使零线一处或多处重复接地。

5. 手持电动工具操作安全知识

（1）手持电动工具分类

按触电保护分为：

Ⅰ类工具：工具在防止触电的保护方面除了基本绝缘外，可触及的可能带电部分要保护接地（接零）。

Ⅱ类工具：工具在防止触电保护方面除了基本绝缘外，还应提供一个双重绝缘或加强绝缘。不设保护接地（接零）。Ⅱ类工具分绝缘外壳和金属外壳两种。

Ⅲ类工具：工具在防止触电保护方面，依靠由安全电压电源供电。

（2）基本要求

1）应设专人负责保管，定期检修手持电动工具并制定健全的管理制度。

2）每次使用前必须经过外观检查和电气检查，其绝缘强度必须保持在合格状态。

3）手持电动工具（不含Ⅲ类）必须按要求安装漏电保护器。

4）导线必须使用橡塑护套软线，禁止用塑护套线，导线两端必须连接牢固，中间不许有接头。Ⅰ类设备使用的护套线必须有一芯专接保护接地（接零）。黄绿双色线做保护接地（接零）用。

5）应在干燥、无腐蚀性气体，无导电灰尘的场所使用，雨雪天气不得露天工作。高处作业应有相应的安全措施。

6）必须遵守有关的专业规定，并配备、使用相应的安全用具。

（3）手持电动工具使用前的检查

检查的事项主要有：

1）工具外壳、手柄是否有裂纹和破损。

2）保护接地或接零线连接是否可靠、正确。

3）电源连接线是否完好无损，插头有无松动现象。

4）开关动作是否正常、灵活，有无缺陷、破裂。

5）电气保护装置是否完好。

6）机械防护装置是否完好。

7）工具转动部分是否灵活无障碍。

8）相应辅助设备有无弯曲、破裂现象。

9）通电检查电刷火花和声音是否正常。

10）测量其绝缘电阻，看其是否符合规定。

（4）使用手持电动工具时的注意事项

使用中必须注意的事项主要有：

1）使用过程中，电源线应随时调整，勿使之受拉、受潮、磨损或砸伤。

2）使用过程中，如遇停电或中止工作情况必须切断电源。

3）挪动手持电动工具时，只能手提握柄，不得提导线、卡头、钻头等。

4）使用铣钻时，如需要加水对钻头冷却时，一定要适当控制水量，防止水进入工具的电气部分。

5）工具使用完毕，应做正确的维护保养。

二、焊接安全知识

1. 焊接场地安全基本要求

（1）进行焊接操作要严格遵守各项安全规定，加强安全措施。

（2）焊接工作场所必须有防火防爆设备。

（3）一般情况下，禁止在储有易燃、易爆物品的场地进行焊接，如果确需在有易燃、易爆物的房间或场地以及在易燃、易爆物品的附近进行焊接操作时，必须取得消防部门的同意和配合。

（4）在可燃物附近进行焊接工作时，必须在距可燃物 5 m 以上的安全距离外操作。进行露天焊接时，必须采取搭设挡风设备等设施，以防火星飞溅引发火灾。

（5）凡有液体压力、气体压力及带电的设备和容器，在一般情况下禁止焊接。

（6）在金属容器内部进行焊接操作时，应设有监护人员，并要保持容器内部通风良好。

（7）焊接工作场地，应设置自然通风或强制通风设施，保证能将有害气体、灰尘和烟雾顺利排除。

（8）焊接作业时根据现场情况要选择使用合格的防毒面罩、头盔、防噪声耳塞耳罩、工作服、手套、绝缘鞋、防毒面具、披肩、鞋盖等相应的劳保用品。

（9）高空作业时应佩戴安全带并遵守高空作业的其他安全规定。

（10）焊接操作结束后，应仔细检查焊接场地周围，确认没有起火危险后方可离开。

2. 减压器的安全使用

（1）安装减压器之前，要略开氧气瓶的阀门，吹除污物，以防止灰尘和水分进入减压器。氧气瓶阀嘴开启时不能朝向人体方向，减压器出口与橡胶管连接处必须固定紧固，防止送气后脱开伤人。

（2）使用前要检查减压器调节螺钉是否松开，只有在松开状态，方可打开氧气瓶阀门，打开氧气瓶阀门时要缓慢开启，不要用力过猛，以防止高压气体损坏减压器及压力表。

（3）减压器安装完毕，应用肥皂水进行查漏。

（4）减压器上不得附有油污。

（5）调节氧气压力时，应把焊炬上的氧气开关稍微打开，然后调到所需压力。

（6）停止工作时，应先松开氧气表调节螺丝，再关闭氧气阀门，以保护表内弹簧。

（7）减压器冻结时可用热水或蒸气解冻，不允许用火烧。在减压器加热后，必须吹除残留的水分。

（8）乙炔减压器使用压力不超过 0.15 MPa，一般以 0.05 ~ 0.07 MPa为宜。

（9）乙炔减压器用的黄铜含铜量应小于70%，以防止产生乙炔铜而爆炸。

（10）用于氧气的减压器应为蓝色，乙炔减压器应为白色，并不得相互换用。

3. 使用橡胶软管安全措施

（1）胶软管应保持清洁，特别应避免粘污油脂，防止遇氧自燃起火。

（2）不同气体应使用相应规格的橡胶软管，而且不能混用，特别要注意的是，当氧气用橡胶软管与可燃气体用的橡胶软管混用时，会造成软管中可燃气体遇高压氧气而自燃。

（3）经常检查橡胶软管是否漏气，若有漏气则应切除损坏部分。

（4）可燃气体橡胶软管因可燃气体压力小应能在遇事故时便于迅速拔下，安装时以插在接头上不掉下来为宜，不要太紧。

（5）橡胶软管使用长度一般在 10 ~ 15 m 之间为宜。

（6）为保证橡胶软管的耐压强度和密封性，使用时要避免接触过热金属及外力的破坏。

（7）可燃气体管中有水分或有异物堵塞时，应单独拔下来用空气吹除。再次使用时，应先用可燃气体将管内的空气排除干净后，方可点火作业，避免气管中混有气体造成回火。绝不允许一端连着回火防止器，从另一端用高压氧气吹除堵塞物，这样会将高压氧气吹进回火防止器和乙炔减压器里，形成易燃易爆的混合气体，此时，一旦未排除氧气就点火势必造成回火，进而导致乙炔发生爆炸。

（8）乙炔橡胶软管在使用中发生脱落、破裂或者着火时，应先将焊炬的火焰熄灭，然后停止供气。乙炔橡胶软管着火时，还可用弯折前面一段橡胶软管方法将火熄灭。氧气橡胶软管着火时，应迅速关闭氧气阀门停止供气，禁止用弯折氧气橡胶软管的方法来灭火。

（9）橡胶软管不得随意乱放，管口避免进入污物和灰尘。

4. 安全使用焊炬注意事项

（1）按照焊嘴口径的大小配备适宜的氧气和乙炔气装置，并调整适宜的压力和输气量。

（2）焊接过程中焊炬的喷嘴不能和被焊物质发生碰撞。

（3）喷嘴发生堵塞用捅针捅时，应将喷嘴拆下，从内向外捅。

（4）经常检查焊炬的垫圈及各个阀门是否有漏气现象，发现漏气现象应及时修复。

（5）使用前应将橡胶软管内的空气排除，然后分别开启氧气和乙炔气阀门（或可燃气体阀门），畅通后方可点火试焊。

（6）使用前应在乙炔管道上安装回火防止器。

（7）焊炬的各个部分不得沾染油脂。

（8）点火时应先开乙炔气（或其他可燃气体）阀门，后开氧气阀门。如为射吸式焊炬也可先微开氧气阀门，后开乙炔气阀门，最后再调整至所需火焰。

（9）交接班时或停止焊接时应关闭氧气和乙炔气的阀门。

（10）暂时离开工作岗位时，禁止把点燃的焊炬放在工作台上。

（11）不得将焊炬当作工具使用，操作中不得挥舞点燃的焊炬。

5. 金属焊接操作安全要求

（1）一般安全操作技术

1）焊接场地应保证足够的照明和良好的通风，禁止存放易燃易爆物品，并应配备消防器材。检查并确认设备、工具完好，水源、气源、电源及接地线处于良好状态后方可开始工作。

2）焊工须持有"特殊工种操作证"后方能独立操作。工作前，必须穿戴好防护服、绝缘胶鞋、焊工手套、防护眼镜或面罩等必要的防护用品。

3）工作时，电焊机接地线、零线和焊接工作回线都不准搭在易燃、易爆等危险物品上，也不准接在管道和电力、仪表保护套管和设备上。

4）施焊现场应进行拦护。多人作业时要互相配合。助手必须懂得电、气焊的安全常识，焊接操作者必须确保助手的安全。

5）在清理焊皮敲击焊渣壳时，必须戴好防护眼镜，防止渣粒崩伤眼睛。

6）下雨天不准进行露天焊接作业。在潮湿场所工作时，电焊机须经电工检查合格。工作人员应站在铺有绝缘物品的地方，以防触电。

7）设备发生故障应先停机，切断电源，然后方可检修。电器故障必须由电工检修，焊工不得擅自修理。

8）高处焊接、切割应系好安全带并设人监护。焊接物下方不得有人或存在易燃易爆物品。电焊工不准将工作回线缠绕在身上。切割时应对将切掉的物件采取安全措施，防止落下伤人或因火花飞溅引起火灾。

9）对充装有毒、有害、易燃、易爆介质的容器、装置、管道和零部件进行焊接时，必须事先进行检查、隔绝、冲洗、置换，采取必要安全措施，待分析合格并办理动火证后，方准作业。密闭容器必须消除密闭状态，严禁带压施焊。

10）在焊接、切割密闭空心工件时，必须留有出气孔。在容器内焊接，必须符合操作安全要求，保证通风良好，照明电压应采用12 V，监护人员不得擅离岗位。罐内作业严禁充氧。

11）工作完毕应检查和清理工作场地、消除火种，切断电源，然后方可离开。

（2）手工电弧焊安全技术

1）作业人员应掌握一般电气知识，遵守焊工一般安全规程，还应熟悉灭火技术、触电急救及人工呼吸方法。

2）工作前应检查焊机电源线，引出线及各接线点是否良好，线路横越车行道应架空或加保护盖；焊机二次线路及外壳必须有良好接地；焊条的夹钳绝缘必须良好。

3）电焊机应放置在干燥地方。移动式电焊机从电力网上接线或拆线，以及接地等工作均应由电工进行。

4）推闸刀开关时，身体要偏斜些，要一次推足，然后开启电焊机；停机时，要先关电焊机，再拉断电源闸刀开关。

5）移动电焊机时，须先停机断电；焊接中突然停电，应立即关好电焊机。

6）换焊条时应先戴好手套。身体不要靠在铁板或其他导电物件上。焊条头不准乱扔，应放在指定地点，以免引起火灾事故。

7）电弧焊接或切割有色金属及表面涂有油漆等工作物体时，工作地点须通风良好，并要站在上风头，必要时使用过滤式防护面具，工作时间不能过长，切割焊接过程中要多做短时间的休息。

8）在切割焊接过程中，应经常观察电焊机及调节器，如超过60℃时，应立即停车冷却。

9）电焊机要定期检查，二次电压不得过高，其范围应保持在60~80 V。电焊机机件如有故障，电线如有破损漏电，或熔丝一再烧断，应停止使用，并通知电工检查修理。

（3）手工热切割安全技术

1）作业人员严格遵守焊工一般安全规程和有关乙炔气瓶、氧气瓶的安全使用规则，以及焊（割）炬安全操作规程。

2）工作前或停止时间较长再工作时，必须检查所有设备。乙炔气瓶，氧气瓶及橡胶软管接头，阀门及紧固件应紧固牢靠，不准有松动，以及破损和漏气现象。氧气瓶及其附件、橡胶软管、工具上不能沾有油污。乙炔气瓶必须直立放置。

3）检查设备、附近及管路是否漏气时，只准用肥皂水试验。试验时，周围不准有明火，不准吸烟，严禁用火试验漏气。

4）氧气瓶、乙炔气瓶与明火间距离应在10 m以上。因条件限制，不能保证上述距离时，必须采取可靠隔离措施。乙炔气瓶与氧气瓶之间相距不应小于5 m。

5）禁止用易产生火花的工具开启乙炔气瓶阀门。

6）设备管道、氧气阀、乙炔气阀、回火防止器及软管发生冻结时，严禁用火烤或用工具敲击，可用热水或蒸汽加热来解冻。

7）氧气和乙炔气瓶应有防晒措施。气瓶、压力表、安全阀应按规定定期校验。

8）溶解乙炔气瓶应严格遵守《溶解乙炔气瓶安全监察规程》的规定。

9）工作完毕或离开工作现场前，要拧上气瓶安全帽，清理好现场，并将气瓶放到指定地点。

三、防火、防爆安全知识

1. 压力容器和试压气体的安全使用

制冷空调设备安装维修中，要接触各类压力容器，如焊接时采用的高压氧气钢瓶、液化石油气钢瓶或乙炔气钢瓶，充注制冷剂时使用的氟利昂钢瓶等，它们都属于易燃易爆的危险压力容器。在使用中，了解这些钢瓶发生燃爆的因素和危险，掌握正确的安全储存、运输与使用方法是相当重要的，绝不能自以为是、习以为常，产生麻痹和松懈意识。一旦放松思想警惕，就会酿成大祸。

（1）制冷剂钢瓶的安全储放措施

1）开、关制冷剂钢瓶的阀门，必须用制造厂提供的专用扳手或其他专用工具。

2）向系统充注制冷剂时，如需对钢瓶加温，最好使用温度不超过65℃的温水，不得用火对钢瓶加热。不得过量充注制冷剂。

3）钢瓶最好直立存放，这样杂质就可留在瓶底，而不致进入排液管。

4）不得在阳光直射的地方或周围温度超过安全阀规定值的地方存放制冷剂钢瓶。

5）制冷剂钢瓶应按规定定期检查，不得使用超过检查期的钢瓶。

6）不得擅自改变制冷剂钢瓶上的安全装置。

7）必须定期检查所有软管、配管、充灌设备，必要时更换。

8）不得自行修理制冷剂钢瓶。

9）精心维护制冷剂钢瓶，以免损坏。大型制冷剂钢瓶，可卧式放置，并用楔子垫住两边，以防滚动。不得跌落、敲击、碰撞制冷剂钢瓶。

10）不得把不同种类的制冷剂充入同一钢瓶内。

（2）氧气瓶的安全使用

1）氧气瓶应涂成天蓝色，并写上"氧气"字样，不得与其他气体钢瓶混放。

2）氧气瓶严禁靠近易燃品和油脂物质。搬运时要拧紧瓶阀，避免磕碰和剧烈震动。接减压器之前，要清除瓶阀口上的污物，要使用符合规定的减压器。

3）氧气瓶应放置在远离热源并且通风干燥的地方。

4）氧气瓶内的气体不允许全部用完，至少要保留 0.1~0.2 MPa 压力的剩余气体。

5）氧气瓶严禁接触高温热源，以免使瓶内气体受热膨胀而引起爆炸。

6）氧气流速不应过快；以免氧气与管道快速摩擦而产生静电火花引起燃烧或爆炸。

7）钢瓶内和阀口不能沾染油污，否则高压氧气将与油污发生剧烈的化学反应，使瓶内压力急剧增加而引起爆炸。

8）氧气瓶阀门泄漏时严禁继续使用。

（3）乙炔瓶的安全使用

1）乙炔气瓶禁止敲击、碰撞和剧烈振动。

2）乙炔气瓶要放在阴凉、通风的地方，并与明火作业保持不低于10 m 的安全距离，远离高温和电气设备。

3）乙炔气瓶应直立扣牢，配置专用的无铜减压器，禁止将乙炔气瓶卧放，防止丙酮渗漏。使用时，压力不得超过 0.15 MPa。

4）乙炔气瓶应与氧气瓶相隔一段距离存放，禁止同车运输。使用时不得将乙炔用尽，必须留有 0.05 MPa 的剩余气体。

5）要防止乙炔与空气混合，因为当乙炔体积分数超过 25% 时，混合气体接触明火就会发生爆炸。

6）当乙炔瓶内的丙酮数量减少时，会使溶解在丙酮中的乙炔呈气体状态，遇热后会发生爆炸。

7）剧烈而频繁的振动和撞击会造成乙炔气瓶内活性炭填料下沉和粉碎，使瓶内上部成为无填料空间，其中积聚的气态乙炔可能发生聚合反应而引起爆炸。

2. 制冷与空调系统防火、防爆知识

（1）制冷与空调系统发生火灾、爆炸的原因

1）制冷设备中的高温部件与易燃物品紧密接触，会因散热不良而使电器绝缘加速老化，引起漏电，引发火灾。

2）焊接操作时，未对易燃物品做好隔离，由焊炬的高温火焰引燃易燃品或电线，引发火灾。另外，焊接使用的可燃气体和氧气钢瓶及连接软管因泄漏或安放的位置不当，当明火作业时易引起爆炸和火灾事故。

3）维修场地空气不流通，面积过于狭小，各类工具和易燃品、油脂物质混放。待维修的设备拥挤摆放，也是造成火灾的原因。

4）维修工作中，使用电热设备不正确，引燃易燃物等，都有可能发生火灾。

5）维修设备时，清洗剂或汽油气体体积分数较高，很容易发生火灾和爆炸。

6）操作人员违反操作规程误操作，轻者造成设备损坏，重者引起制冷剂泄漏、火灾、爆炸等安全事故。

（2）防火、防爆安全措施

1）制冷设备应放置在通风良好的宽敞场地，周围应没有易燃易爆物品。检修设备时，要严格执行检修安全规程，按照产品说明书指示的正确方法使用操作设备。

2）维修场地或制冷设备内部，不得存放化学药品和易燃物，如酒精、无水氯化钙、甲醇及汽油等。维修中如需要此类物品，要将其存放在远离热源且干燥通风的地方。使用中要避免发生碰撞。使用后要及时盖上塞盖，放置在安全地点。

3）使用清洗剂检修制冷设备时，要掌握正确的使用方法，并使维修场地开窗通风。浸润化学药品、清洗剂或汽油的棉纱、纸张不得随意丢放。

4）焊接操作前，必须仔细检查瓶阀、连接软管及各个接头部分，不得漏气。焊接工件时，火焰方向应避开设备中的易燃易爆部位，并做好防火、防爆隔离。同时，亦应远离配电装置。焊接完毕后，要及时关闭各类气体钢瓶上的阀门。

5）焊炬应存放在安全地点，不得将焊炬放在有易燃易爆危险、有腐蚀性气体及潮湿的环境中。

6）不得以焊炬替代其他工具使用，不得随意挥动点燃后的焊炬，避免伤人或引燃其他物品。

7）对制冷设备的塑料制品及易燃材料，禁止用明火加热。用无焰热源加热设备时，应有专人负责，按规定时间及时切断热源。

8）维修场地应首先明确各类设备的功率，安置符合要求的配电功率设施。对每台维修设备，应采用单独的供电线路，并防止电路中接入大功率设备后发生超负荷。

9）维修场所应配备必要的消防器材，如灭火器、消防沙等，要定期检验，按时更换，保证使用性能。

（3）安全防护用品的使用方法

氧气呼吸器的安全使用和保管：

1）使用前查看氧气压力表的指针摆动情况，保证瓶内有充足氧气。

2）将头和右臂穿过悬挂的皮带，把皮带挂在右肩上，再用紧身皮带将呼吸器固定在左侧腰部。

3）打开氧气瓶开关，将出口压力调至 0.2 ~ 0.3 MPa。

4）手按补给钮，使氧气囊内原来积存的气体排出。

5）把覆面从头顶戴向下颚，并以保证气密，而又不太紧，呼吸不发闷为宜。眼镜要戴正。然后做几次深呼吸，检查呼吸器是否良好，在确认无误后方可进入险区工作。

6）氧气呼吸器在使用后必须进行清洗、消毒。消毒的主要部位是气囊、覆面及软管。可采用2% ~5% 的石碳酸或酒精进行冲洗消毒。

7）使用后应放在专用箱内保管，避免日光直接照射，以防橡胶老化或氧气瓶爆炸。

8）每半年检查一次氧气瓶内的存氧情况和吸收剂的性能，使氧气呼吸器时刻处于良好的备用状态。

焊接时防护用品的选用：

1）在通风不良的容器内进行操作时，应采用蛇管式送风面罩，以防焊接烟气和烟尘吸入人体。

2）焊接工作服应选用白帆布工作服。它具有隔热、反射、耐磨、透气性能好等优点。

3）焊接手套最好采用绒面皮制手套。这种手套对高温金属飞溅物有反弹作用，本身又不易燃烧。

4）焊接工作中要求穿结实、不透水、耐热、不易燃、耐磨和防滑的高筒防护绝缘鞋。

5）在飞溅火星较严重时，还必须穿戴鞋盖，以防火花飞溅到鞋中烫伤脚部。

6）焊接时应戴护目镜，以防飞溅的熔渣等异物伤眼。

参 考 文 献

1. 潘宗羿主编. 制冷技术. 北京：机械工业出版社，1997
2. 戴永庆主编. 溴化锂吸收式制冷空调技术手册. 北京：机械工业出版社，1999
3. 张时善，刘金升，高祖锟主编. 工业制冷与空调作业. 北京：气象出版社，2002
4. 毛永年主编. 制冷设备维修工技师培训教材. 北京：机械工业出版社，2002
5. 魏长春主编. 制冷维修工. 北京：中国劳动社会保障出版社，2000
6. 魏长春，孔维军主编. 制冷空调设备维修与操作. 北京：中国劳动社会保障出版社，2005
7. 滕林庆主编. 制冷空调工. 北京：中国劳动社会保障出版社，2003
8. 何耀东主编. 空调用溴化锂吸收式制冷机. 北京：中国建筑工业出版社，1996
9. 傅小平，杨洪兴，安大伟主编. 中央空调运行管理. 北京：清华大学出版社，2005
10. 许启贤主编. 职业道德. 北京：蓝天出版社，2001